数字まみれ

「なんでも数値化」が
もたらす残念な人生

MORE.NUMBERS.
EVERY.DAY.

How Figures Are Taking Over Our Lives —
and Why It's Time To Set Ourselves Free

Micael Dahlen & Helge Thorbjørnsen

ミカエル・ダレーン
ヘルゲ・トルビョルンセン
西田美緒子 訳

東洋経済新報社

目次

まえがき　1

数字という伝染病　1
数字が及ぼす知られざる影響　4
数字の増加がもたらしたもの　9
本書は数字のワクチンだ　14

第1章

数字の歴史　16

人類最古の計数棒と記数法の発展　16
数字がもつ神秘的な雰囲気　27
ピタゴラス――数字という伝染病の父　32
人々が好む数、嫌う数　34
数秘術師の愚かな偏り　38

第2章 数字と体 42

背番号の魔力 42
数字にある魔法の境界（マジック・バウンダリーズ） 45
数字が老化を早める？ 48
全部SNARC（スナーク）効果のせい 59
数がなければ変化や相違に気づけない 64

第3章 数字とセルフイメージ 68

「いいね」の数が招いた自殺 68
お金がもたらす「ろくでなし効果（asshole effect）」 71
数字と自己評価の驚くべき関係 73
ドーパミンとソーシャルメディア依存症 78
私たちが陥っている「比較地獄」 80
数字が形づくるアイデンティティ 87

第4章 数字と実績

数字と実績 92
「自己定量化」ムーブメント 92
計測することで意欲が失われ、ひどい結果を招く 95
あなたの体のデータは誰のもの？ 101
数字によって人々を監視・管理する「ビッグ・ブラザー」 104
計測や定量化の重大な副作用 108

第5章 数字と経験

数字と経験 113
評価が経験の質を落とす 113
採点される暮らし 117
気味の悪い「いいね」の影響 121
数字がもたらした不安や恐怖心 131

第6章 数字と人間関係 138

人を点数で評価する／されることの恐ろしさ 138
評価でがんじがらめ 144
数字は人間関係を実績に変えてしまう 147

第7章 通貨としての数字 158

数字が通貨になるとき 158
数字が狂わせるモラルコンパス（道徳的指針） 161
数字が煽る競争意識やライバル心 166
睡眠をも最適化しようとするテクノロジー産業 170
数字資本主義とモラルの低下 172
数字がもたらすプラスの効果 178

第8章

数字と真実 182

「抜き出された数字」が意味するもの 182
数字は真実と見なされる 185
数字があると深く考えなくなる 187
偽の数字と「アンカリング」 188
「いいね」が招く偽の信頼 198

第9章

数字と社会 204

政治家に都合よく用いられる数字 204
数字はしっかり脳に張りつく 207
数字にすっかりだまされている 212
数字がただ間違っている 213
数字は誤って解釈される 222

「ホーソン効果」と測定の弊害 227
報酬や目標が本来の目的を歪めてしまう 231
測定し、数え、解釈し、改善する 234

第10章

数字と自分 238

数字はつくられたものである 238
数字は永久不変ではない 240
数字は普遍的なものではない 243
数字はいつも正しいとはかぎらない 246
数字はいつも正確とはかぎらない 250
数字は客観的ではない 254
数字は（やっぱり）すばらしい 255

原注

ただ無心に、そこにあるだけのように見える。それが数字だ。画面上に表示されたひとつの数字、紙に書かれたひとつの数字。預金の残高、脈拍数、昼食までに達成した歩数。

1590　　97　　3467

数字はとても具体的で、正確で、明快だ。数字は嘘をつかない。数字は正直で、管理でき、中立だ。合理的で見識ある社会は、感情ではなく数字を基盤として成り立っている。数字は透明性と信頼性と証拠をもたらす。数字は有意義で、理性的で、客観的だ。

0　　55　　7.9

みんなそう思っていた。ところが、ところがだ。数字は気のあるそぶりを見せ、相手を巧みに操って、その注意をそらせる。そういう小悪魔だということがわかってきてしまった。

2　　4　　16

数字は人々を誤った方向に誘導し、嘘をつく。数字は誤りを伝え、うまい話で釣る。数字は対立させ、命令する。数字はみんなが目にするあらゆるものに忍び込み——いつのまにか、みんなの暮らしを支配してしまう。みんな数字のことが大好きで、数字に頼る。でも、数字はみんなの暮らしをめちゃくちゃにしようとしている。

ただ、まだ誰も、それに気づいていない。

1　　2　　3

まえがき

数字という伝染病

私たちの毎日はどこもかしこも数字だらけだ。

文字通りに。1日のうちにするあらゆることが律儀に数え上げられる。誰かと交流があった日数。運動した日数。何日働いて、何日勉強して、何日旅行したか。きちんと眠れた夜は何日あったか。こうしたあらゆることを、スマートフォン、ソーシャルメディア、メール、そしてアプリが、毎日毎日数えてくれる。

きょう歩いた歩数は？
友達の人数は？
これから乗ろうとしているライドシェア（かつてのタクシー）のドライバーの評価は？

こうしたことがわかるのは、それが数字で表わされるからだ。歩数計が何歩歩いたかを数えてくれる。フェイスブックが友達の数を数えてくれる。ライドシェアのアプリがドライバーの平均スコアを計算してくれる。

ほんの数年前には、こんなことになるなんて考えてもみなかった。ところが現在では、みんなが1日にするあらゆることに対応したカウンターがある。夜間でも同じだ。自分が何時間眠り、どれだけ深い睡眠をとり、その間に何回目覚め、いびきをかき、寝返りを打ったか（どれだけ「社交的」だったか）、そのすべてに対応するカウンターもある。アプリストアで「カウンター」を検索してみれば、結果リストを最後までスクロールする前に指にマメができるかもしれない。グーグルでカウンターアプリを検索すると、結果の件数は数千万に達する。

こうしたおびただしい数のカウンターは、人々の暮らしで何かが起きている兆候だ。

ほんの少し前までは、自分が何歩歩いたかを知らなくたって何ごともなく毎日を過ごせていた。友達の数を数えなくたって仲よくやっていた。ところが、そうしたものの数がわかるようになるとすぐ、数字は自分にとって急に大切なものになった。目にはいる数字について考え、嬉しく感じたり、心配したり、比較したりし、果てはそれらの数字で自己評価を下すようにまでなってしまった。さらに数字のせいでみんな対策を講じるようにもなった。友達の数を増やさなければいけない。睡眠時間が短いせいでストレスを感じる(おそらくそのせいで、もっと睡眠時間が短くなる)。まるで自分の暮らしが数字によって決まるかのような状態になっている。

このような成り行きは伝染病と同じだ。気がつけば、身のまわりでは数字が自分たちの暮らしに、人々がするあらゆることに、人々の存在そのものに、どんどん侵入してきて、その行動にも、決意にも、思考、感触、意識にも、影響を及ぼしている。

これまで何世紀もの間、人間は数字に対して反射的に、直感的に、反応するよう仕向けられてきた。ほんとうは数字なんか使うのをやめたいと思っても、たぶんやめることはできないだろう。人間は数字の動物なのだ。基本的な本能は他の動物たちのものと同じだが、たとえば類人猿やネコと異なるのは、人間の動物的本能が(これから見ていくように、細胞レベルでさえ)数字によってコード化されている点だ。

ただし人類は、現在目にしているほど多くの数字、または大きい数字を扱わなければならなくなることなど、まったく考えに入れずに進化してきたと思われる。試算によれば、人類が現在1日ごとに生み出している数字の総量は、5000年以上前にウルクではじめて粘土板が作られたときから2010年までの間にすべての人間が刻んできた数字を全部合わせた数よりも、多い。

毎日増え続ける数字。

それは実際、人々にどんな影響を与えているのだろうか。

数字が及ぼす知られざる影響

この本を書いている私たち、ミカエルとヘルゲは、人間の暮らしや行動、意欲、幸福について協力しながら講義と研究を続けるうちに、その疑問をますます頻繁に感じるようになり、答えを見つけようと決意したのだった。もっと詳しく説明するなら、答えはひとつにはかぎらず、いくつも見つかるだろうと考えた。そして何年かをかけて調べ、詳しく掘り下げ、研究室で実験を行ない、実地調査に出向き、テストとインタビューと観察を繰り返して、多くの結果を手にしたので、たいていの人が驚くようなその内容をこの本で紹介することにした。

この本を読めば、自分が数字からどんなふうに身体的な影響を受けているのかがわかり、それによって自らの老化が遅くなったり早まったりすることもあるのを理解できるだろう。さらに、数字はセルフイメージ（自己像）にまで影響を及ぼし、その結果、気分が晴れたり暗くなったりすることにも気づく。数字は人々の経験に影響を与え、痛みの感じ方を左右することさえある。また数字は人々の実行力を左右し、人間関係にまで介入してきている。

中には有益な効果もある（たとえば、数字によって業績が実際に上がる場合がある）一方で、悪い結果が生じることもかなり多い（たとえば、数字のせいで自分が実際にやっている内容に気を配る度合いが低くなる）。一部は少し不愉快な影響を及ぼし（たとえば、数字が人を鬱状態に追いやることがある）、多くは愉快な影響を与える（たとえば、ある数字を見ると左に曲がる傾向が強くなる）。この本の読者が数字から受けている影響に気づき、よい影響はきちんと考慮に入れる一方で悪い影響には対処して、不愉快な経験をしなくてすむことが、私たち著者の願いだ。そうすれば、満足感を高め、より充実した日々を送り、より豊かな人間関係を実現し（この本の読者のパートナーは、現在も未来も含めて、きっと感謝してくれるはずだ）、より健康的な人生を手に入れることになるだろう。

それに、周囲の人に伝えたくなるような、ちょっとおもしろい話も集めた。マイケル・ジョーダンがＧＯＡＴ（バスケットボールの熱狂的ファンは「史上最高――greatest of all time」をこう表現する）になるために、ある背番号が必要だった経緯は？　歩数計がどうやって不動産バブルを生み出せる？　クリスマスの直前に駐車違反の切符を切られる確率が、他の時期よりずっと高くなるのはなぜ？　ハエの遺伝学の本が、どんなふうにして24時間のうちに世界で最も高価な本になった？　あるいは、イエス・キリストと金日成《キムイルソン》の共通点は何で、それが数百万人の人々の暮らしに影響を与えてきた理由は？

「ちょっと待って、それだけじゃありません」（テレビショッピング・チャンネルでよく耳にするように）。数字という伝染病が単に私たち個人だけでなく（それはそれで大きい影響力をもつが）、社会全体に広がっていく様子もさらに詳しく見ていく。数字は政治にもますます入り込むようになってきた。政治家は、自分のメッセージを目にして受け入れてくれた人の数を知ることが可能になった途端、その数をできるかぎり増やすためにリアルタイムでメッセージを調整しはじめた――群衆へのアピールを最大限に増やし、より多くの約束をし、さらに挑発的になり、ますます風刺画のような動きをする。橋ではなく壁を作る（あるいは、ともかくそうすると約束し、脅しをかける）。もう誰のことを言っているかおわかりだろう――ドナルド・トランプには、数字という伝染病の症状が明らかに見てとれた。彼を大統領へと押し上げたキャンペーンを主導したのは、数字だった。クリックと拡散の回数が最大を記録した発言に基づいて、アルゴリズムがメッセージの方向性を決めていったからだ。

数字が真実と化し、その数字が企業も公共部門も含んだ社会のあらゆるレベルでの決定に影響を及ぼすことになる。計測するのが容易なことが優先され、たとえば社員の福祉に代わって職場の照明の明るさが注目されるという具合だ。この奇妙な例については、後でまた触れる。

経済学の教授である私たち著者にとってはまた、数字を利用する機会の増加は、数字そのものが通貨になっていく過程だと指摘するのが当然のように思える。通貨とは、人々が互いにやりとりでき、それを利用して何かを売買したり値段の交渉をしたりできるものだ。「いいね」の数、カードを機械に通した回数、スコア、ポイントは、どれも役立つ行動データになる。ある点では、金銭に代えて利用できる明白で可能性を秘めた存在と見ることもでき、貧しい者と豊かな者の区別なく、すべての人に自分の資本を生み出すチャンスをもたらすことになる。たとえば、親切にする、友達を増やす、共有することで金銭を手にできる。でも、もし数字が単純に新しい種類の金銭になり、欠点もすべてそのままだとしたら、いったい何が起きるだろうか？　突然、友情に値段をつけられるようになったら、どうなる？「いいね」を売買するとしたら？　そこに隠されたリスクは、みんなが数字資本主義者になって、もっとたくさんの、もっと大きい数字を追い求めるようになることだ。あるいは、人々がモラルに反する行動をとりはじめるかもしれない。おもしろいことに、私たちのある研究では、インスタグラムの写真に異常なほど大量の「いいね」を獲得する人は、職場でプリンタ用紙を盗む傾向も高くなることがわかっている。

またこの本では、数字のせいで人々が鬱や自己陶酔に陥ったり、モラルを無視したりすることもある一方で、やる気を出し、強く、熱心になる場合もあることを示していく。頭にこびりついた特定の数字が、家、車、ワインを買うときに支払おうとする値段に無意識に影響を与えることもある。さらに、人はときに数字そのものが独自の性格と性別をもっているかのように接することもあり、その様子も説明していく。

数字は危険なものにもなり得るが、一方ではすばらしいもので、私たち著者は読者が数字を使わなくなることなど目指してはいない。もちろん、私たちは数字が大好きだ（そうでなければ、こんなに長いこと経済学の教授として仕事を続けられるはずがない）。数字は人類による最も重要な発明品のひとつで、考古学者によれば、人々が最初に書きとめる価値があると考えたのは数字だった。現在わかっている世界初の文字は、かつてメソポタミアがあった場所から発掘された紀元前3200年ごろの粘土板に書かれたもので、中心都市ウルクの神殿にある異なる種類の品物と資産の数を記録していた。つまり、エクセルのスプレッドシートを粘土板に刻んだようなものだった。

それからというもの、歴史の全体を通じて数字が人々の後を追ってきた。会計にかぎらず、文化、宗教、言語、時間、文明でも同じだ。だが近年になって、数字の使用が爆発的に増えた。

人間は、数字で表現される存在になってしまったのだろうか？

数字の増加がもたらしたもの

テクノロジーの急激な発達によって、ほんの数年前に比べてさえ格段に大きい数字まで生み出せるようになっている。TOP500のリストによれば、少し前の2010年と比較しても、コンピューターの演算能力は60倍から100倍になった。ということは、ムーアの法則により、（数える方法によって異なるが）過去50年にわたって1年につき20％から

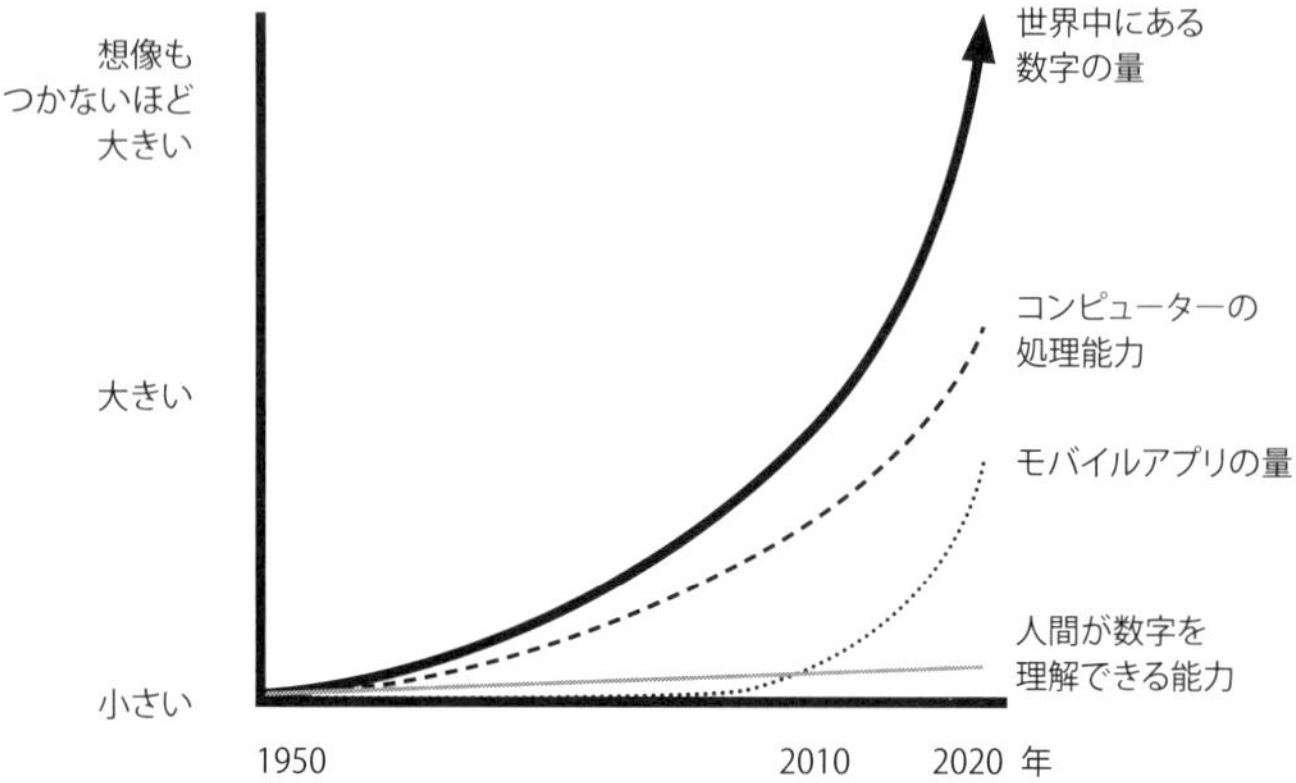

200％の割合で増加したことになる。片手で持てる大きさのコンピューター（現在では「スマートフォン」と呼ばれているもの）に相当する容量の値段が、かつては10万ドルを超えていた。今では、こうした小さいスマートフォンに計算機とアプリが組み込まれていて、いつでもどこでも、1日24時間、あらゆるものを登録して保存できるコンピューターシステムとサーバーとクラウドが整えられている。

数年前、私たちミカエルとヘルゲは一緒に壇上に立ち、500もの企業の幹部たちに簡単な質問をした。「1週間にわたって、アルコール、セックス、友人、お金、スマートフォンのどれかひとつをなしで過ごさなければならないとしたら、どれが一番つらいでしょうか？」。そしてその結果は実に明白で、かつ悲しいものだった。スマートフォンなしで1週間を過ごすことが、そこにいた企業幹部にとって想像できる最もつらいことだったのだ。

でもそれは、実際にはたいして奇妙なことではないのかもしれない。人々は少しずつ、自分たちの私生活の個人的なことがらすべてに、スマートフォンの介入を許すようになってきた。健康、財産、仕事、友人、休暇、そういったものの情報を全部スマートフォンに与えてしまう。そしてその見返りとして、テクノロジーが四六時中あるものを人々に与え続け、人々はすっかりそれに依存するようになった。それが、数字だ。あらゆること、あらゆる人についての数字が、あらゆる形式、さまざまに変化した状態で、降りそそぐ。

数字という伝染病について説明をつけ加えるなら、今では暮らしに余分なものが増えたせいで、そこに数字が入り込む余地が生まれたということだ。人々の持ち物が増え、することも増えている。アメリカの統計によれば、国民の住居の面積はここ数十年間でおよそ3倍、消費高は2倍以上に増え、アメリカ人が持ち物すべてを収納するスペースだけに費やす金額は年間240億ドルを超えた。職歴も多彩になり、以前より頻繁に仕事を変えるようになった（米労働統計局の統計によれば、国民が同じ職場にとどまる平均年数は4年で、往年の永年勤続の基準からはほど遠い）。それと同時に自由時間は、経済協力開発機構（OECD）加盟国では1週間におよそ2時間増え、私たち著者が暮らすノルウェーとスウェーデンではほぼ2倍に増えた。しかもそれは、新型コロナウイルス感染症の蔓延によってリモートワークが増加する前の統計だ。さらに、それだけではまだ足りないかのように、最近では1日に目覚めて活動している時間が長くなって、その時間も数字を使い続ける。フィンランドの研究者によれば、1日に目覚めている時間の長さは過去10年の間に平均で16時間から17時間に延びている一方、アメリカの研究では、睡眠時間が最大1日6時間の（したがって、目覚めている時間が18時間ある）人の割合は、ここ数十年間で30％増加した。

このような余分なものに伴って増してきたものが、不確実性だ。ミカエルは著書『*Nextopia*（次のユートピア）』（2008）で、「〜でも手に入る世界」という表現を生み出したが、それは「誰でも、どこでも、いつでも、なんでも、手に入るようになった世界」を表わしている。その当時、グーグルで「靴を購入」を検索にかけると、ヒット数は50万件ほどだった。今ではまったく同じ検索で、ヒット数は６００万件に近い〔訳注　本書を翻訳している時点ではもちろんこれより多く、日本語の「靴を購入」で検索した場合は約1億件、英語の「buy shoes」で検索した場合は25億件を超える〕。買いたいもの、選びたいトレーニング、応募したい仕事、余暇を過ごしたい娯楽、行ってみたいレストラン、乗りたいライドシェアのドライバー、デートしたい相手……何を探しているにせよ、目の前に並んだ予想をはるかに超える候補の中から、どうやって選べばいいというのだろうか?

このことは、特に若者の間に広がっている睡眠障害とストレスの増加によって、統計上の睡眠時間が減っている理由のひとつになっているのはほぼ間違いない。そしてそのことが、さらに数字に頼る傾向を強めているのもはっきりしている。評価の数やスコアの高さが、何かを決めるときの不安を和らげてくれるからだ。

数で表わす余分なものが増えれば、私たちの注意をひくものも増える。そこで数字は、信頼できる根拠を示す決定的な道具にもなる。企業は、消費者に立ち止まって自社の製品を選んでもらおうと考え、宣伝広告に数字をちりばめる(スピンが27度増えるパドルテニスのラケットは、実際には何を意味しているかよくわからなくても、なんだかよさそうに聞こえる)。報道機関も見出しに数字をちりばめて、読者に記事を読ませようとする(「COVID-19の死者、1週間で100%の増加」)。政治家も数字を使って自分の政策を売り込む(「われわれは3万戸の新しい住宅を建設して、景気を後押ししてきました!」)。私たちも同じで、古着を売りたいときからデート用に長椅子を貸し出したいときまで、平均値が高いことで選んでもらおうと期待して数字を示す。数字には長い説明の必要がなく、主観的なものではない(と、私たちは思っている)。数字を見ると誰でも直感的に反応し、すぐに理解する(と、私たちは思っている)。

そこでこの本が、自分自身を見つめなおすチャンスを提供していく。何しろ私たちの毎日は、文字通り、数字で呼ばれているほどなのだ。

本書は数字のワクチンだ

でもカレンダーを離れれば、私たちの毎日にいつも数字が貼りついているわけではない。人間の生存にとっては、数字という伝染病よりも有害な脅威が他にある（たとえば、ウイルス感染症の世界的な流行。気候変動の脅威。太陽系を横切って地球に衝突するリスクのある何十万個もの小惑星――これについては忘れておこう。こうした例を見ても、気分がよくなることはないだろうが……）。それでも、毎日を数字にとらわれて過ごすとき、自分で自分の存在を少しだけ貧弱にしてはいないだろうか？

この本によって、世界を数字から救いたいと思っているわけではない。ただ、みんながどれだけ数字に影響されているかに注意を向け、なんでも数量化することで人生が残念なものになってしまうことがないよう、数字との関わり方を一緒に考えていきたい。

おそらく読者のみなさんには、自分の人生のどこか一部だけでも、数値化するのを実際にやめてもらえるだろう。あるいは、少なくとも一時的な数字のデトックスなら可能だと思ってもらえるだろう。いずれにせよ私たち著者は、読者全員が数字に対するワクチン接種を受けて気分をよくし、自分自身で数字の扱い方を選べるようになるものと考えている。

この本は、読者にとっての数字ワクチンだと思ってほしい。

第1章 数字の歴史

人類最古の計数棒と記数法の発展

まず、時間を少し巻き戻してみることにしよう。

ウルクで神殿の会計報告を記録した人類初の「スプレッドシート」は、おそらく紀元前3200年ごろのものだが、数そのものはそれよりずっと古くからあった。数の歴史は、実際には4万年以上前にはじまっている。そのころの光景を想像してみよう。考古学者は、当時のものとされる最古の計数棒（数を数えるための棒）を発見した。骨に刻み目を入れたそうした棒は、人類が数を数えはじめたという最初のたしかな証拠であり、その後に続く目覚ましい成り行きの、スタート地点だと言える。

1970年代にスワジランド〔訳注　現エスワティニ〕の山の中で発見された「レボンボの骨」と呼ばれている棒には、29個の刻み目がついていた。そこで一部の人たちは、アフリカの女性が世界初の数学者で、計数棒を用いて自分たちの月経周期を把握していたことを示しているのかもしれないと主張した。その骨は29個目の線の近くで折れてしまっているので、それがほんとうかどうかは、誰にもわからない。実際には、もっと長い棒だったかもしれないからだ。

大昔の計数棒は、さらにヨーロッパでも見つかっている。有名な「ウルフボーン（オオカミの骨）」は1937年に旧チェコスロバキアで発見され、およそ3万年前のものではないかとされている。その骨には全部で55個の印があり、それぞれ5個ずつをまとめた形で刻まれていた。

IIIII IIIII IIIII IIIII IIIII IIIII IIIII IIIII IIIII IIIII IIIII

このオオカミの骨は、さまざまな点で、人類初のスーパーコンピューターだと考えることができる。このような計数棒があれば、人は数を数えることも書きとめることもでき、全体像を把握するとともに、秩序を生み出すこともできた。群衆にいる人の数を数え、動物や持ち物の数を記録し、のちには取引にまつわる計算までできるようになっていった。世界中の人々がゆっくりと、だが確実に、数を数えて計算をする能力を発達させ、数字には意味と価値があると考えはじめた。

そしてまもなく数字に依存するようになるわけだが、その理由の一部として、社会を統制するとともに取引を行なう必要が大きくなっていったことがあげられる。メソポタミアで見つかった最初の粘土板は、ただ数を書きとめて、計算をするためのものだった。そこから、なんとまあ、経済学者が誕生したのだ。きみのぶんは4つ、私のぶんは5つになるね。

でも、人類が数を発明したわけではない。数は、もちろん、その前から存在していた。数を数えたいと思う者にとって、人間の体を含む自然界は宝の山だ。手の指に足の指、動物、その卵――人間が最初に数えはじめたのは、こうしたものだったのではないだろうか。自然にあるその他の数やパターンは、もう少しだけ複雑で見えにくく、たとえば、円周率やフィボナッチ数列（実際には螺旋）にはなかなか気づかない。それでも、松ぼっくりの中にある種子をじっくり観察してみると、螺旋形に並んでいるのが見えるはずだ。ひとつの方向に5列の螺旋、反対の方向に8列の螺旋がある。ひまわりの種子も螺旋状に並んでいて、この場合はひとつの方向の螺旋は21列、反対方向の螺旋は34列だ。自分で実際に数えてみればわかるだろう。次に野菜売り場でブロッコリーの仲間のロマネスコを見かけたら、そこでもフィボナッチの螺旋を見つけて数えることができる。これは数学的に見て驚くべき野菜で、自然界のどこでも見られるように、数字とパターンでぎっしり埋め尽くされている。

1, 1, 2, 3, 5, 8, 13, 21, 34, 55, 89, 144, 233, 377…

フィボナッチの螺旋を学校ではじめて教わると、ほんとうにめまいを感じてしまうかもしれない。１９８０年代、私がまだ何にでも夢中になる高校生だったころ、あらゆる場所で螺旋と数列を探しはじめたことがある。そうすると、どこにでも見つかった。花びらは？　フィボナッチだ。よごれたTシャツの模様は？　フィボナッチだ。パイナップルは（１９８０年代には、パイナップルはとても人気があり、ピザにまでのっていた）？　フィボナッチだ。耳の形に、星雲――あらゆるものがフィボナッチだった。

美術の時間に習った黄金比さえ、フィボナッチに関連していることが証明されている。人間は、黄金比を見事で調和がとれているように感じるのだと教わった。そこで私たちは小型の計算機と定規を手に、あらゆる時代の芸術家たちがそれぞれの構図に黄金比を利用して、どんなふうに作品を美しく見せているかを解明した。

私たちの美術の先生も、フィボナッチが関わる場所では視野狭窄を起こしていた（螺旋しか見えなかった？）のかもしれない。体育の授業も同じ先生が担当したので、軽いハイブリッド訓練と呼べるようなものも行ない、自分たちの体のあちこちの長さで黄金比を探した。その結果はというと、クラスの大半の生徒で、黄金比はちょうどへその中心にあった。ただしかわいそうなクリスチャンだけは、脚が長いせいで、例外になった。

（ヘルゲ）

人類学者によれば、私たちが数を理解したそもそものはじまりは、自分たちの手を見て魅力を感じたことだった。どちらの手にも、5本ずつ指が揃っている。多くの地域社会で「片方の手で5つ」という発見がきっかけとなって、発展が大きく加速した。ちょっと考えてみよう！　誰かが自分の手を見て、少しだけ考えてから、友達と話し合った――そして突然、数と取引、そして地図まで、あらゆるものをあっという間に理解した。指を使って数える動作は、直観的で、しかも単純だ。子どももおとなも毎日やっている。手と足の指の数は初期の多くの文化で数体系の原点ともなり、どの体系も5と10に基づくものになった。ウルフボーンもそのひとつだ。

数を発見したことで、私たち人類は突然、互いに数字を示して取引をし、利益を計算し、会計報告をし、税や手数料まで導入できるようになった。その結果、人類は空前のスピードで他の種から離れていくことになる。動物学者たちは、他の哺乳動物も実際に3か4まで数える能力をもっていると考えているが、5と5000の両方を急に操れるようになった私たちの祖先と比べれば、微々たるものだ。

数字と、数字を理解する力は、私たち人類が少しずつ取引をはじめ、地域社会を築き、より密集して暮らすようになると、信じられないほど重要なものになっていった。また数える力は、利益を求め、取引の交渉をし、信望を得るためにも、欠くことができないものだ。人生で成功しようと思えば、数えて比較する力を手にしなければならない。そんなわけで、社会には大昔から異なる記数法があり、そのそれぞれが独自の基数を用いた。私たちが使っている10進法――インド記数法（アラビア数字）とも呼ばれる――の基数は10だ。現代のあらゆるコンピューターが用いている2進法では、基数が2となり、すべてが0と1という2つの数字の組み合わせで表記される。古代バビロニアには、おもしろいことに基数が60という記数法があった。この記数法は時間（秒、分、時）の計算と、円の中の角度を計測するために大切なものになっている。その他の状況では、バビロニアの記数法はあまり実用的ではない。この記数法にはゼロの記号さえなかった。

歴史を通して、基本とするリズムが5と10の記数法が、何種類も用いられてきた。それは手足の指の数をもとにした数え方で、自分がいつでも身につけているその数に、人々がだんだん気づいていくことで使われるようになったものだ。それらの記数法がどうやって生まれたのか、直観的に理解できるのではないだろうか。ローマ数字のベースは5の基本的なリズムで、Vは5、Lは50を表わす。ただしその記数法はとても複雑で、自由に使いこなすのはとても難しい。古い時計やカレンダーにはローマ数字がよく使われているはずだ。とりあえず、今はMMXX年代ということになる。

ちなみに、ローマ人は世界中で数字と数学の両方を発展させようとして四苦八苦した。

それでもギリシャを侵略したときに関心を抱いたのは、数字ではなく権力だった。ローマの記数法は、何かを数えたり計算したりするために用いるには複雑すぎたが、殺された人の数を記録するにはうってつけだった。ローマ人が古代ギリシャの数学者で発明家のアルキメデスを殺し、ローマの記数法を導入すると、数学やその他の科学の発展が大幅に遅れることになった。やがてローマ数字がヨーロッパ全域に広まり、実質的に500年以上にわたって主要な記数法の座についている。それならば、ローマ人の数学者の名前をひとつぐらいは思い出すだろうか？　まったく覚えていない？　でもそれは、少しも珍しいことではない。ただ、ローマ人は数学があまり得意ではなかっただけだ。

私は経済学の教授という立場から、数字を言語としてとらえることが多く、さまざまな資源をどのように利用し、共有し、売買するかについて、意見を交換し、計画し、同意するために用いることができるものだと思っている。それを踏まえると、人類（またはその大半）が数字という同じ言語で意見の一致を見ているのは、ほんとうに興味深い。何しろ、世界には山ほどの言語があるのだ。ためしにウィキペディアを調べてみたところ、500万人以上が話す言語は100以上にのぼる。それだけでも、私たちがどれだけ直観的に数字を使っているかがわかるというものだろう。

ただし個人的には、現在使われている記数法が最良の選択肢だとは思っていない。私は中世のフランスでシトー修道会の修道士が用いていた記数法に魅力を感じている。1の位、10の位、100の位、などの数を、異なる形状の線で表わした。高度な暗算を試した人は誰でも、これがとても速くて効果的な記数法であることを知っている。

（ミカエル）

さいわい、ローマ帝国はやがて滅び、もっと合理的な10進法のインド記数法（アラビア数字）に戻ることができた。その後、人々のイノベーションの力（および数える必要性）が再び開花し、成長できたのだった。

そしてますます成長した。それがイノベーションの力で、実に大きな成長をとげている。

数字と数学によって、人類は驚異的な実績を上げてきた。ピラミッド、はじめての月旅行、世界中のすべての新型コンピューターにスマートフォン、あらゆるものの背後には数字がある。そこで、今、数字という伝染病がどれだけ危険で、しかも大切かを考えなければならない。言ってみれば、命取りになりかねないカクテルのようなものだ。人間は生まれつき数字に魅了されて依存する性質をもっている上に、テクノロジーによっていたるところに数字が顔を出すようになった。数字はどこにでもある！　そして数学が嫌いか好きかにかかわらず、あらゆる人がそうした数字に支配されている。すべての数字と記数法に共通している点は、つまり、いつの時代にも変わることなく常に人々の思考、信念、迷信にとてつもなく大きな影響を与えてきたという事実だ。

こだわっているようで申し訳ないが、私はどうしても、現在使われている記数法が最良のものではないかもしれないという思いを捨てることができないでいる。何年か前に出席した会議では、イギリス人の2人のコンピューターサイエンス教授が「インタラクティブ・ナンバーズ」と呼ばれる新しい記数法を発表した。説明は難しく、私自身まだ完全に理解しているわけではないものの、おおまかに言うなら、デジタルの数値は（そしてもちろん現代では基本的にすべての数値がデジタル化されている）、私たちが入力した別の数値との関係がどれだけ妥当かに基づいて、入力している間に自動的に修正されるようにするべきだという考えに基づいている。これまでのように手で書いていた場合より、間違える頻度が高いという問題があるからだ——隣の数字を押してしまった、数字のキーを長く押しすぎて2回入力された、スペースを入れ損なった、誤ってコンマを入力した、などなど。目の動きを計測したところ、数字を入力する人は注意力の91％をキーパッドに向けていて、画面の数字に注意している割合はわずか９％だけという結果が出ている。

２人の教授はノルウェーで実際に起きた話を例としてあげた。２００７年に、グレーテ・フォスバッケンという人物が娘の銀行口座に送金しようとしていた50万クローネを失ったという。キーボードの操作を誤ったために、全額が別のどこかに送られてしまったのだ。どうやら銀行取引全体の０・２％で、このようなことが起きているらしい（すべての事例を合わせれば、かなりの金額になる……）。もうひとつの例はイギリス人ナイジェル・ラングの場合で、２０１１年に児童のわいせつ画像を共有した疑いで逮捕されたが、本人のコンピューターからそのような画像は見つからなかった。ずっと後になって、警察が検索していたコンピューター上でＩＰアドレスに１個の数字を誤って加えてしまっていたことが判明し、彼は損害賠償と訴訟費用を合わせて６万ポンド受け取っている。

（ミカエル）

数字がもつ神秘的な雰囲気

私たち人間は、いたるところで数字と数値を目にする。言葉にも、記号にも、名前にも、雲にも、自然にも、それはある。人間は事実の前後関係を見たいと思う場所には前後関係を見つけるようにできているので、ニュースでもソーシャルメディアでも、自然でも宝くじ券でも、そこに数字があれば、その数字に大切な意義があるものとみなしてしまう。ある一定の数字や数値も私たちにとって重要なものになり、それ自身の重要性と象徴的意味をもつようになる。

典型的な例は新約聖書の「ヨハネの黙示録」にある６６６という数字で、「獣の数字」とも呼ばれているものだ。歴史を通して無数の人々が、それぞれの時代の憎むべき人物にこの数字を結びつけ、その人物に反キリストの悪魔の化身の役割を担わせた。

私たちは他の数字にも特定の意味を見出し、たとえば13は災難、３は神聖、１０００は運命と考える。一部の数字は特定の出来事や概念にあまりにも強く結びついてしまい、ほとんど魔力をもつようだ。数字と事象との神聖な結びつきや神秘的な関係に対する信奉には、数秘術という名前さえついている。ダン・ブラウンが書いた『ダ・ヴィンチ・コード』

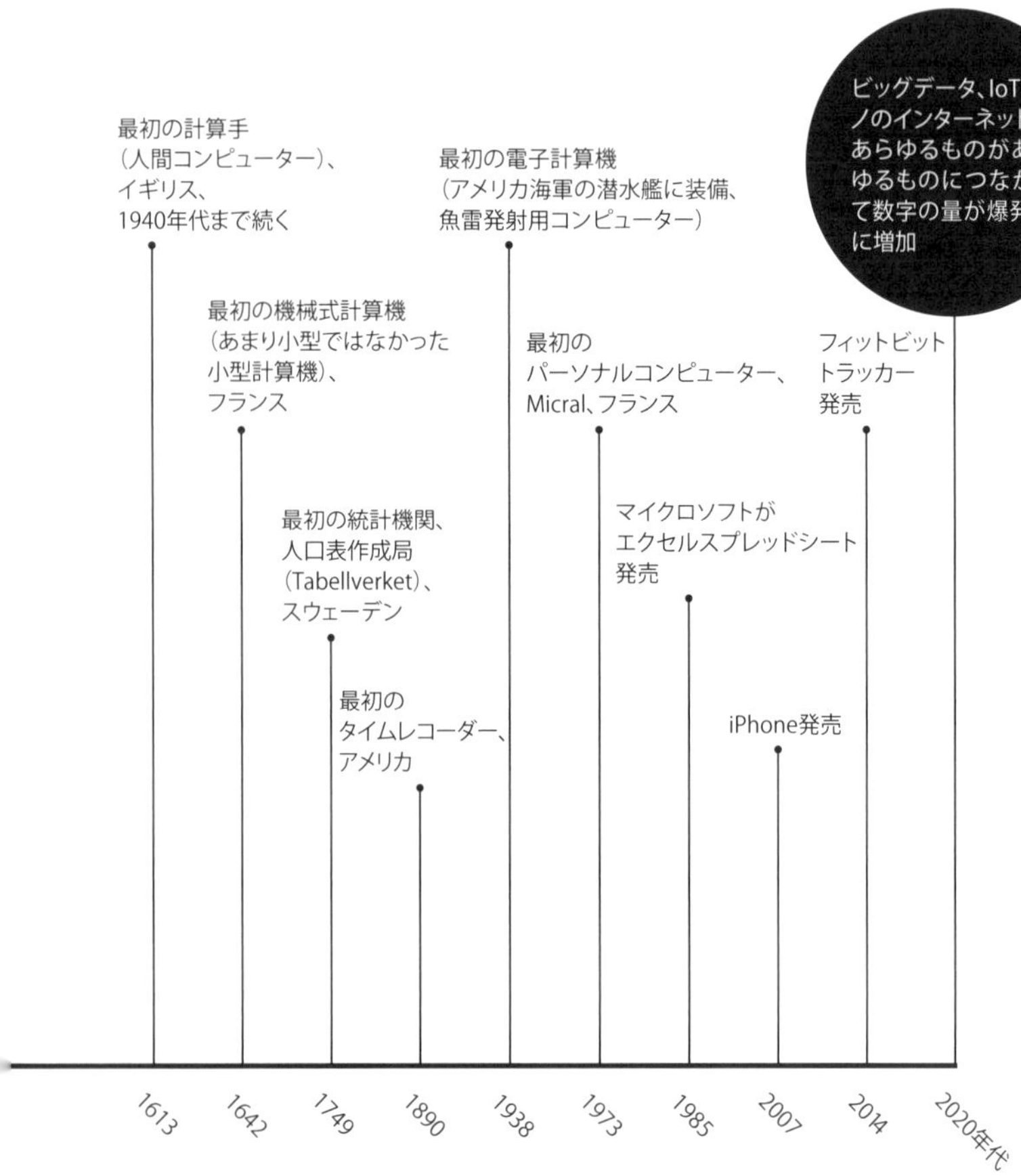
最初の計算手
（人間コンピューター）、
イギリス、
1940年代まで続く
最初の機械式計算機
（あまり小型ではなかった
小型計算機）、
フランス
最初の統計機関、
人口表作成局
（Tabellverket）、
スウェーデン
最初の
タイムレコーダー、
アメリカ
最初の電子計算機
（アメリカ海軍の潜水艦に装備、
魚雷発射用コンピューター）
最初の
パーソナルコンピューター、
Micral、フランス
マイクロソフトが
エクセルスプレッドシート
発売
iPhone発売
フィットビット
トラッカー
発売
ビッグデータ、IoT（モノのインターネット）、あらゆるものがあらゆるものにつながって数字の量が爆発的に増加
1613
1642
1749
1890
1938
1973
1985
2007
2014
2020年代

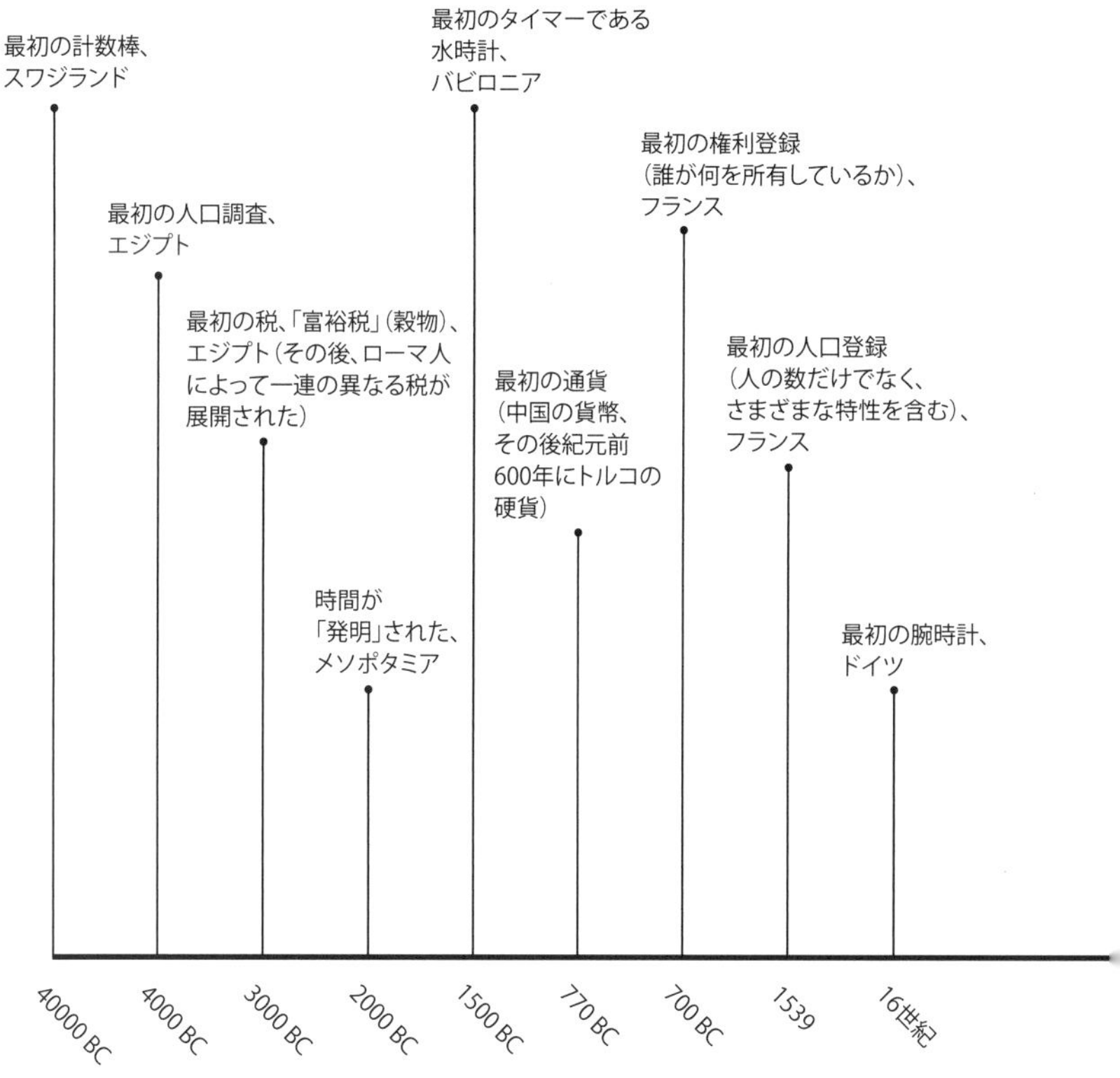
最初の計数棒、
スワジランド
最初の人口調査、
エジプト
最初の税、「富裕税」(穀物)、
エジプト(その後、ローマ人
によって一連の異なる税が
展開された)
時間が
「発明」された、
メソポタミア
最初のタイマーである
水時計、
バビロニア
最初の通貨
(中国の貨幣、
その後紀元前
600年にトルコの
硬貨)
最初の権利登録
(誰が何を所有しているか)、
フランス
最初の人口登録
(人の数だけでなく、
さまざまな特性を含む)、
フランス
最初の腕時計、
ドイツ
40000 BC
4000 BC
3000 BC
2000 BC
1500 BC
770 BC
700 BC
1539
16世紀

を読んだことはあるだろうか。あるいは映画を見たことは？　記号学の教授と暗号学者が、ルーブル美術館の館長殺害につながる数学のパズルを解いていく。この映画は――つけ加えておくと、カトリック教会はこれを厳しく批判したが――数秘術の例を数えきれないほど取り上げている。それがフィボナッチ数列、ヘブライ数字体系、その他の記数法のどれにまつわるものであっても、数秘術はほとんどすべての文化で一定の役割を果たしてきた。

歴史は数字と数字の魔術で溢れている。錬金術師、哲学者、宗教指導者、さらに医師まで
もが、数字のもつ神秘的オーラに心を動かされてきた。たとえば漢方医学や、鍼療法などの同様の治療では、神秘的な数のつながりが基盤となっている。「体の部位は３６５あって、１年間、毎日ひとつずつにあたる」、「血と空気が循環する道筋は12あって、中央の王国に12の川が流れ込むのと同じ」などだ。そして、教会がときには数秘術に強く反発してきたとしても、聖書にもその他の宗教的文書にも、同様のものは見つかる。たとえば３と７は、聖書では精神的にとても大きい存在感をもっている。神の天地創造は７日間だった。イエス・キリストは自分が磔の刑を避けられるかどうか神に３回尋ね、午後３時に十字架に磔にされた。

イスラム世界およびイスラム占星術でも同様に、７という数字がとても重要な役割を担っている。７は当初の惑星の数であり、また３＋４、２＋５、１＋６のいずれも７になるので、最初の「完全な」数と考えられる。そのためにサイコロの表と裏を足した数にもなっている。コーランでは、7つの天があり、開端章は7つの節から成り、メッカの巡礼はカーバ神殿を7回まわり、悪魔に見立てた柱に7個の石を投げる。

ユダヤ教と仏教にも、古代の宗教に深く関わる数秘術が見つかる。ユダヤの神秘主義思想、とりわけそのひとつであるカバラでは、数秘術と占星術の影響が際立っている。熱心なカバリストは、旧約聖書は神から着想を得た暗号で書かれていると考えた。そこで彼らの数秘術の体系は、この聖典を解読しようとするものだった。

カバラはキリスト教の神秘主義者だけでなく、営利目的のニューエイジ運動にもインスピレーションを与えた。たとえばフィリップ・バーグの「カバラ」カルトはそのひとつで、ちなみにこのカルトはマドンナ、ガイ・リッチー、デミ・ムーアのような人物を魅了した。

中世には、アリスモロジー（数秘術および数字の威力と象徴体系につながる哲学体系のひとつ）の「科学」が発達し、当時のキリスト教指導者や芸術家たちによく用いられた。たとえばイタリアの詩人ダンテ・アリギエーリの作品には、数字のパターンと象徴化が数多く見られる。有名な『神曲』は、数字の3と三位一体を重要な基盤としており、作品全体を通して3が登場する。神曲は3部から構成され、それぞれに33の歌があり、3行を一連として、その一連は33の音節から成る。悪魔は3つの顔をもち、3人の女性がダンテのために祈り、3つの恐ろしい怪物がいて、死後には3つの界がある。中世およびルネッサンス期の全体を通して数字の神秘主義がきわだった役割を果たしており、数えきれないほどの本がダンテのように数字と記数法を利用する一方、それは他のすべての科学を結びつける一種のスーパーナレッジとしてアリスモロジーと数秘術を発展させた。

ピタゴラス――数字という伝染病の父

このように、人間が歴史を通して数字と数秘術の両方に心を奪われてきた事実には、数学、哲学、宗教、芸術、占星術、神秘主義のゆがんだ混じりあいが影響しているらしい。おもしろいことに、こうした考えと成り行きのほとんどをさかのぼってみると、たったひとりの敏腕な人物にいきつく。それは、ピタゴラスと呼ばれている人物だ。

学校で数学の時間に、その名前を聞いたのを覚えているだろうか。幾何を勉強した人ならほとんどが、直角三角形の辺の長さに関するピタゴラスの定理を思い出すにちがいない。だが、ピタゴラスが紀元前500年前後に生きた数学者、哲学者、神秘主義者で、神秘主義の活動をして教団を立ち上げたことを知る人は、それほど多くないだろう。ピタゴラスの考え方は西洋哲学、数学、音楽、宗教に大きな影響を及ぼし、その発想はプラトンやソクラテスなどの哲学者だけでなく、占星術師、音楽家、カバラの支持者にもひらめきを与えた。万物は基本的に数学的であり、数として理解できるというのがその主張で、音楽、幾何学、占星術から、虹の7色や地球の5つの気候帯のような自然まで、あらゆるものの数学的なつながりを講義した。熱心に説いたのは、整数で構成される調和に見られる美しさと論理だった。

ピタゴラスは生きている間からすでに伝説的な人物で、アリストテレスによれば、ほとんど神のような存在だったという。そのため、すぐに数多くの信奉者を集め、そのメンバーはのちにピタゴラス学派と呼ばれるようになった。禁欲的で節度あるそれらの信奉者は、数学、音楽、天文学に没頭し、数多くの神秘的なことを思いついている。たとえば、そうした弟子のひとりヒッパソスは2の平方根が有理数ではないと考えたために溺死させられ、弟子たちは奇数と偶数の違いについても非常に大きな関心を寄せていた。

そして何かに気づいたのだろう。数の認識に関するその後の研究では（この研究については、また後で詳しく取り上げる）、偶数は女性的で柔らかい印象があるのに対し、奇数は男性的で硬い印象があることがわかっている。２０００年以上も前に、ピタゴラスは足首まであるゆったりした白い服を着てすわり、まったく同じことを論じていた——奇数は男らしく、偶数は女らしい。

ところが、確実に男性ばかりだったピタゴラス学派の弟子たちは、男らしい奇数は明るく善良なものにつながる可能性があり、女らしい偶数は暗く邪悪なものにつながる可能性があると考えた。それだけの理由で、それから何世紀もの間、偶数はあまり人気がなかった。プラトンにとって、偶数は悪の兆しだった。タルムード（ユダヤ人社会の口伝律法）には、偶数を避けて奇数を使う例が数多く見つかる。ムハンマド（マホメット）も確実に奇数を好み、古代の医師たちは必ず奇数個の錠剤を患者に与えていた。では、ほとんどの宗教で最も重要視されることになった数は？　もうおわかりだろうが、3と7だ。

では、今でもまだ、みんなこうした数のほうが好きなのか？

人々が好む数、嫌う数

リモコンの音量を示す数字が44や42ではなく43になると、なんだか落ち着かなくなる人はいるだろうか？　あるいは、20という数字のほうが19より落ち着いていて柔らかいと感じる人はいるだろうか？　そんなふうに感じる人は、実際に少なくない。奇数はちょっとだけ利己的で、落ち着きがなく、難しいと、多くの人が考える。偶数は友好的で、論争を起こさず、わかりやすい。10という数は申し分なく、11はどこか扱いにくい。研究の結果、奇数が挑戦的に感じられてしまうのは、脳が処理するのにかかる時間が少しだけ長くなるからだということがわかった。奇数は脳を余分に疲れさせる。

どの数を私たちの脳が好み、どの数が扱いにくく、どの数が他のものより難しいか、今ではかなりよくわかってきている。また私たち人間が異なる数に対して異なる感じ方をする理由について、単純な説明も、とても入り組んだ説明もされている。2020年に行なわれた広範囲にわたる研究は、割り切れる数（4など）と（1とそれ自身でしか）割り切れない数（5など、素数とも呼ばれる）に対する私たちの受け止め方が大きく異なる理由について、独特の説明を見出した。ご存じの通り、私たちは数に人間らしい特徴があるものとみなし、それに応じて共鳴する――物や有名ブランド品に対する気持ちに少し似ている。ある物は女らしく、別の物は男らしい。あるブランド品は洗練されていて、別のブランド品は洗練されていない。数についても、私たちは同じように考える。割り切れる数は、別のたくさんの数とつながりをもっていて、社交的だとみなされるのに対して、割り切れない数（素数）は他の数とのつながりに欠けていて、孤独だとみなされる。

このような考え方から、商品やブランドに対する私たちの判断は、それに結びついた数字をどう理解するかに応じて異なってくると、研究者たちは言う。もし新車にアウディA7という名前をつければ、孤独で一匹狼的なイメージになる。同じ新車をアウディA6

とすれば、もっと社交的なイメージにとらえられるだろう。その逆も同じで、消費者の側が選ぶときにひとりきりであれば、割り切れる数字がついている商品、特色、価格を選びやすい。その人は選ぶ時点で、何か社交的なものを選びたい傾向が強くなるからだ。ひとりぼっちの人は実際に、数字であっても、社交的なものを好む。奇妙に思えるかもしれないが、それは科学的にしっかり確認されている。

すでに触れたように、ピタゴラス学派が主張したことは研究でも認められている。数にも性別があるという考えだ。２０１１年に行なわれた有名な調査で、イリノイ州エバンストンにあるノースウェスタン大学の２人の研究者が、偶数は女らしくて柔らかさが勝ると認識されているのに対して、奇数は男らしく、独立し、強いものと認識されていることを発見した。この調査では参加者に、前もって男の子の名前か女の子の名前か区別のつかないさまざまな外国の名前を見せ、それらの名前にはあらかじめ偶数か奇数の数字をつけておいた。すると参加者は、偶数がついている名前は女の子のものだと思うことが多く、奇数がついている名前は男の子のものだと思うことが多かった。

さらに追跡調査では、参加者に赤ちゃんの写真を無作為に見せ、この場合もそれぞれに数字をつけておいた。すると同じパターンが浮かび上がる。偶数と結びついた赤ちゃんの写真は女の子だと思うことが多く、奇数と結びついた赤ちゃんの写真は男の子だと思うことが多かったのだ。参加者は実際に同じ赤ちゃんの写真を見て、横に奇数があるとそれは女の子ではなく男の子だと思う傾向が10％高くなっていた。

また私たち人間には、こうした男らしい数と女らしい数、孤独な数と社交的な数に、好みがあることもわかっている。『素晴らしき数学世界』の著者で英紙『ガーディアン』の数学のブログも書いているアレックス・ベロスは何年か前に、人々が好む数を知ろうと考えて、インターネット上で調査を実施した。彼が選んだ方法の調査では、奇数のほうが全体として少しだけ偶数より人気があった。つまり、私たちは奇数のほうが偶数より不快で難しいように感じると思っているにもかかわらず、偶数よりも好きというわけだ。なぜ？　それはおそらく、世界の主要な宗教がピタゴラス学派に触発されて、常に、女らしい偶数より男らしい奇数を好んできたからだろう。言うなれば、数字への熱狂的忠誠の一種だ。

では、世界で一番人気のある数は何だろうか？　合計4万4000人の人々に自分の好きな数を選んでもらったところ、その半数あまりが1から10までの数だった。そして、その勝者は――ジャジャーン――7だ。ほとんどの宗教と文化に見られる7の存在感からすれば、それほど驚くことでもない。7はあらゆる場所に顔を出す。7日、7つの大罪、7名山、7人の花嫁、7つのおとぎ話、7つの海、7つの奇跡。そしてもちろん、7人の小人。

第2位には3が選ばれた。これもほとんどの宗教と強く結びついており、三位一体と成就の両方を表わし、聖数とみなされている。第3位は8で、おそらく中国で幸運を表わすからだろう。縁起のいい8は中国の多くの人たちにとって重要で、その理由だけで、2008年北京オリンピックの開会式は、8月8日午後8時8分8秒からはじまった。

さて、このときの候補に0は含まれていなかったが、もし含まれていたなら、もっと接戦になっていたことだろう。インドの数学者ブラーマグプタが、紀元628年に著書『*Brāhmasphuṭasiddhānta*（ブラーマ・スプタ・シッダーンタ）』（難しい名前だが、がんばって覚えておこう！）で正式に0を紹介して以来、私たちは完全な無を理解するためのすばらしい概念を手にした。ゼロは、ただ何もないことを表わす。私たちはゼロにすっかり夢中になったせいで、「ジップ」、「ジルチ」、「ナーダ」、「スクラッチ」などのニックネームまでつけている。スポーツの世界でも、「ダック」（クリケット）、「ニル」（サッカー）、「ラブ」（テニス）がゼロを意味する。

数秘術師の愚かな偏り

数と出来事との間には神聖または神秘的で意味のあるつながりがあるという信念は、ピタゴラス以前からあったものだが、自立した考えをもつ現代人の大半にとっては理解しがたいものかもしれない。それでも、数秘術の熱狂的な愛好者は今なお世界中にいて、数秘術に関する興味深い自己啓発本がたくさん販売されている。多くの数秘術の論法は、すべての人が個別の数をもち（または数そのもので）、それはある一定の方法で計算される。その数は、人生のあらゆることに影響を与え、人は自分が住む場所、宝くじの番号、旅行の行き先、滞在するホテルの部屋、子どもやネコの名前を、その数によって決める必要がある。

こうした数秘術の本の中には、娯楽に徹したものもある。次にあげるのは、グリニス・マッキャントが書いたベストセラー『ハリウッド式数秘占い』の一部で、グリニスは「60ミニッツ」、「リッキー・レイク・ショー」、「ドクター・フィル」などのテレビ番組にゲスト出演してきた有名で裕福な数秘術師だ。

私の誕生の日も運命数も3だから、私は二重の3になる。［ある］旅行に行ったとき、乗った飛行機が33便だった。おもしろいと思った。すると私の座席は12列で、すぐにわかると思うが、これも足すと3になる。ホテルに着くと部屋が21階だった。想像できるだろうか？　また3だ。帰りの飛行機に乗ると、座席番号が30で――またまた3

――いったいどうなっているのかと思った。パイロットが、現在の飛行高度は3万3000フィートだとアナウンスしたときには、もう笑ってしまった！　エネルギーが何度も語りかけてくる様子は実に魅力的だ。

すぐに気づくと思うが、暮らしの中でいつも3を探していれば、あらゆるところで見つかる。数字と数字のパターンで注意しなければならないのは、どれが無作為のもので、どれが計画的、意図的なものかを見分けることだ。人には、とりわけ「数秘術師」には、もしかしたら何もないところにつながりを見出す大げさな傾向があるのだろうか。前に数字のパターンが溢れている本の例としてあげた、ダンテの『神曲』について考えてみてほしい。詩の形式と歌の明らかなパターンに加えて、数秘術師も学者も文章の中に、それとは別の数多くの明らかな数字のパターンと数字のつながりを見つけている。ダンテはこれをすべて意図的に行なったのか、それとも一部はただの偶然に生まれたのか、どちらだろう。「ダンテにおける数秘術と確率」というタイトルの、楽しくも的確な論文で、数学教授のリチャード・ペジスはこのようなつながりの分析を行ない、それが成り行きまかせで起きた確率は、ダンテがコインを投げた場合の確率と同じくらいだという結論に達した――たぶん驚きはないと思う。

もちろん中世の数秘術と、現代の商業的な自己啓発を目的とした数秘術を、どちらも冷笑するのは簡単だ。何と言っても私たちはより多くの知識をもち、現代的で、見識があり、知的なのだから。それでもどっちみち、私たちの心の中には例外なく、生来の数秘術師がほんの少しだけ住み着いているのではないだろうか。私たちの脳には数秘術的な偏りがこっそり宿っているからこそ、13という数を恐れたり避けたりし、宝くじで毎週飽きもせずに同じ数を選び、4よりも3と7を好み、来る日も来る日も数を楽しみ、数に導かれているのかもしれない。

そして今ではどこにでも数字が溢れているので、私たちがその影響を受ける機会は自分が思っているよりも多く、またその力も強い。人類は今、かつてないほど多くの数字を生み出している。その数は幾何級数的に増え、デジタル化が進んでいる。そう、伝染病の流行のように。数字は暮らしの隅々までいきわたり、脳の奥まで浸透している。数字は仕事にも休暇にも、トイレにもベッドにも、追いかけてくる。

もしかしたら、数字は人々の体のいたるところに隠れているのかもしれない。

第2章

数字と体

背番号の魔力

「45番は23番とは違う」。これはNBA（ナショナル・バスケットボール・アソシエーション）オーランド・マジックのニック・アンダーソンが、シカゴ・ブルズと対戦した準決勝の初戦で、試合終了間際の残り6秒でマイケル・ジョーダンからボールをスティールできた理由を説明した言葉だ。それは歴史的瞬間だった。1995年、マイケル・ジョーダンがチームに復帰した年で、ブルズは彼の1年間の空白の前にNBAで3連覇を果たしていた。世界最高の選手が世界最高のチームに復帰したわけで、彼がいなかった年に優勝を逃したチームにタイトルを取り戻すべきときだったのだ。ところが、試合のラスト・ショットに向かったマイケルからニック・アンダーソンがボールをスティールした。そしてそのボールがチームメイトのホーレス・グラントの手に渡り、ホーレスはダンクシュートを決めてオーランドに勝利をもたらす2点をあげた。「23番が相手だったら、とてもあんなことはできなかっただろう」とニック・アンダーソンが言ったのは、ブルズが3連覇したときにマイケル・ジョーダンが着けていた背番号のことだ。だがマイケルが復帰にあたって選んだ背番号は、23ではなく45だった――すると突然、彼は世界最高のチームの世界最高の選手ではなくなり、シカゴ・ブルズは準決勝で敗退してしまった。

翌シーズン、マイケルは背番号を23に戻し、ふたたび世界最高の選手になった。そしてシカゴ・ブルズは準決勝にも決勝にも勝って、また3年連続で優勝を果たした。

背番号がマイケル・ジョーダンを世界最高のバスケットボール選手にしたと言うのは、たぶん言い過ぎだろう。一方、ここまで進んできて、私たち人間は想像できるあらゆる状況で数字から大きな意味を読み取る傾向があり、数字に影響されることがわかってきた。そしてスポーツは数字だらけで、とりわけアメリカではファン、放送媒体、ブックメーカーが、あらゆることの統計値を集めている。

たとえば、背番号45をつけたマイケル・ジョーダンの1試合平均得点は27・5で、決して悪いものではないが、背番号23をつけていた試合の平均得点31・0よりはずっと少ない。また、背番号が小さい選手のほうが大きい選手より、1試合平均得点が多いという統計もある。これはアイスホッケーの場合と対照的で、アイスホッケーでは関係が逆になる（歴代最高の得点王であるウェイン・グレツキーの背番号は99で、ゴールを守る役割で得点機会がないに等しいゴーリーは、たいてい背番号1をつけている）。統計によれば、NBAの背番号は50未満がよく（できれば平均得点が最高の31）、NHL（ナショナル・ホッケー・リーグ）では50より大きいほうがよい（平均得点が最高の背番号は91）。どちらのリーグでも共通して、ほとんどの選手は偶数ではなく奇数の背番号を好む。

ここでまた偶数と奇数の話に戻る。すでに奇数は男性的で偶数は女性的だと感じられることが多いのは見てきた。そうだとしたら、多くの男性アスリートは奇数を選ぶと予想できるかもしれない。もちろん例外はあって、たとえばサッカーの背番号10は憧れの番号だ。1958年サッカーワールドカップの決勝でブラジルがスウェーデンを破って初優勝したとき、伝説の選手であるペレが背番号10をつけていたことから、特別な意味をもつようになった。ちなみに、ペレがこの背番号をつけていたのは手違いによるものだ。当時、背番号はピッチ上のポジションによって決まっており、10はミッドフィルダーの番号だったが、ペレはフォワードの選手だ。それでもワールドカップで優勝して以降、ペレはこの背番号を変えるのを断り、その先の話は言うまでもない。それはともかくとして、ここで疑問が残る。数字が私たちに――心理的な面だけでなく――身体的にも影響を及ぼすことが、実際にあるのだろうか。

この章では、数字がどのように人間の体に侵入し、私たちの強さや老化、動きなどに影響を与えるかを、さらに詳しく見ていくことにしよう。実のところ、人間は地球上の他の動物たちと共有している脳の原始的な部分について、無意識で数字に反応するように回路の修正を続けてきた。そう、私たちは、数字の動物になってきたのだ。

数字にある魔法の境界（マジック・バウンダリーズ）

ある研究で、アメリカのカレッジフットボールの選手に、NFL（ナショナル・フットボール・リーグ）のプロの選手たちが用いている伝統的な筋力テストを受けてもらった。225ポンド（102・10キログラム）のベンチプレスを、失敗するまで続けるものだ。選手たちは3週間に3回のテストを受けた。予想通り、彼らはそれぞれの回で同じ回数だけバーベルを上げることができた（言い換えるなら、選手たちは驚くほど力を強化するという成果を得ることはできなかった)。だが、選手たちの知らないことがひとつあった。3回のテストのうち1回では、バーベルの重さが215ポンドに減らされていたのだ――テストの指導者が意図的にバーベルの重量表示を変えていた。そのため、選手の半数は1週目に正しい重さのバーベルを上げ、次の週にはそれより軽いバーベルを上げていたし、残りの半数は1週目に表示より軽いバーベルを上げ、その後は通常の、それより重いバーベルを上げていた。だがどちらのグループでも、バーベルを上げた回数は変わらず、彼らがベンチプレスしていた実際の重さが目に見えるような影響を及ぼすことはなかった。重さが225ポンドでも215ポンドでも関係なく、どちらにしてもただ重かったわけだ。どうやら文字通り、数字は鉄より重いようだ。少なくとも10ポンドは重い。

このように数字が鉄より重い場合があることは、ベンチプレスに用いるバーベルの重さを、たとえば95キログラムから97・5キログラムに増やすより、97・5キログラムから100キログラムに増やすほうがずっと難しい理由の説明にもなる。重さの差は同じ2・5キログラムだが、数字の差は9から10に変わるほうが大きい。きっとジムに通う人はどこかで感じたことがあるだろう。超えることがほとんど不可能だと感じられる数字は、限界点または「魔法の境界(マジック・バウンダリーズ)」と呼ばれるが、なんとか超えることができた途端、その限界点をさらに上げるのはずっと簡単になる。それは進歩に影響を及ぼす数字だ。ノルウェーとスウェーデンのウェイトリフターは１００キログラムで行き詰まるが、アメリカのウェイトリフターは１０２・10キログラム（２２5ポンド）で行き詰まるかもしれない。

私の数年間にわたる大きな目標は、デッドリフトでなんとか２００キログラムのバーベルを上げることだった。ところが、１９０キログラムまではとても順調に重さを増やしていったものの、その時点で止まってしまった。２００キログラムに挑戦するたびに、バーがまるで地面に固定されているように感じたのだ。そしてがっかりしながら、重さをまた１９０キログラムに減らすと、急に問題なくバーベルを持ち上げることができ、ときには2回、３回と、続けて持ち上げることもできた。そうやって長いこと、そこで止まっていた（１９5から１９７・５キログラムの範囲も試してみたが、成功したりしなかったりと、まちまちだった）。

ある日のこと、ジムでデッドリフトを続けていた人がなかなかやめないので、頼んで交代してもらうことにした。バーにセットされたプレートが１８０キログラムになっているのを見て、その日はその重さで十分だと思った。３回か４回持ち上げればいいと考えたのだが、１回上げただけであまりにも重く感じ、その１回ですっかり満足した。別の人がバーからプレートを外すのを手伝ってくれたとき、私が10キログラムだと思っていたプレートが、実際には20キログラムだったことがわかった（目印についているはずの青い色がすり減って、10キログラムの黒のように見えていたからだ）。そのため、私はちょうど200キログラムを持ち上げていたのだった。

（ミカエル）

数字が老化を早める？

年齢はただの数字だと言われている。その言い方には、実際にいくぶんかの真実はある。結局のところ、私たちの体は自分が何歳かを知らないのだ。解剖学教授のレナード・ヘイフリックによれば、体はひとつのきまった年齢をもたず、同時にいくつかの年齢をもっている。ご存じの通り、体はたくさんの細胞でできていて、それらの細胞はさまざまな速度で分裂し、新しくなっている。また分裂の速度は体の異なる部分や器官によって異なるし、人によっても異なる。細胞がもつ実際の共通点は、それ自身が何回まで新しくなれるかで、ヘイフリックは体の十分な数の細胞が分裂回数の限界（「ヘイフリック限界」と呼ばれるもの）に達したとき、死が訪れることを発見した。

ただし、私たちは異なる再生速度をもつ異なる細胞でできているとはいえ、ほとんどの人は1年ごとに、ほぼ同じ速さで老化する。おそらく、少なくともある程度は、みんな同じ数を用いて――自分が生まれたときから経過した年数を数えて――年齢を測っていると説明できるだろう。

もちろん、残念ながら、それがほんとうかどうかを試してみることはできない。私たちが同じ数で年齢を測っているから同じ速度で老化しているかどうか調べるには、生まれてからの年数で年齢を測っている人とそうでない人とを比較して、老化の速度が異なるかどうかを確かめる必要があり、そんなことは不可能だ。実際のところ、生まれてからの年数で年齢を数えない人たちもいる。たとえばアマゾン川流域に住むムンドゥルクの人々は5までしか数えることができないわけだが、逆説的に、ヘイフリック限界に向かってさまざまな速さで進んでいるすべての細胞に基づいて彼らがどれだけ長く生きるかを断定するのは難しい。また別に、ほんとうの年齢をごまかして実際より上または下だと思い込ませ、その人が実際にどう老化していくかを見るという方法もあるだろうが、そんな実験は倫理審査委員会が許すはずもない。

さいわい、人間は自分自身をだますのが得意だ。自分の年齢はカレンダーで数える年数とは違うと自分に言い聞かせるとき、「精神年齢」という用語が用いられる。研究者たちがいくつかの異なる調査で、人がふだん歩く速さの違いごとに精神年齢を比較したところ、どの調査でも同じ結果が得られ、自分が思っている精神年齢が低い人ほど速く歩いていた。歩く速さについて特に興味深いのは、それが人の生物学的年齢と残存寿命の単純な疫学指標として、よく利用される点だ。歩く速さは、血液の循環や呼吸器系から筋肉、関節、骨格まで、あらゆる要素の影響を受けるので、体がもつ全生命力を要約したものとみなすことができ、研究者たちが何十万人もの寿命を調べたところ、とても正確な指標になることが証明された。言い換えるなら、ゆっくり歩けば歩くほど、早く死に追いつかれてしまう。

　精神年齢が歩く速さに影響するのは、もちろん、身体的に実際に若い人（たしかに速く歩く人）は、それによってより若く感じるからでもある。ところが、ある調査で異なる精神年齢の人々の歩く速さを比較してみると、そのようなつながりが見られたのは、歩きはじめる前に自分の年齢を報告する必要があった（そのために年齢を自覚した）場合にかぎられていた。つまり精神年齢は、異なる割合でその人の歩き方につながっていた。このことは、研究者たちが次のような実験の結果を得た理由も説明している――参加者にオンラインゲーム環境でデジタルアバターを誘導してもらう実験を行ない、アバターの年齢が上がるにつれて誘導する速度も遅くなるような設定にしたところ、参加者が実験室を出るときには自分の歩く速度も実際に遅くなっていた。

数万人を対象とした調査では、精神年齢は実年齢と同じく、記憶や認知機能から身体的健康、衰弱、死亡率まで、老化に関連するあらゆることに影響を与えることがわかっている。自分の年齢、そしてどれだけ長生きできるかは、自分が自分に対して決める数字によって影響されるわけだ。文字通りに。

そのことは、私たちの年齢に「魔法の境界」がある理由も説明してくれる。数字の境界が、持ち上げられるバーベルの重さに影響を与えられるのとまったく同じで、年齢の境界も私たちの老化の速度に影響を与える。


老化のことを考えると心が痛むのは、誰でも同じことだ。そして私たち人間は、30、40、50といった魔法の数字を通過するときに、いとも簡単にちょっとした実存的危機に陥ってしまう。とりわけ男性で、その傾向が強い。それを機にハーレーダビッドソンを買う人がいたり、不倫に走る人もわずかにいたりする一方、たいていは急に運動依存症に陥る。

私の中年の危機は、初マラソン挑戦という形で表われた。ストックホルムの、よく晴れた暑い日だった。スタートラインに並んでみると、すぐに私とよく似たランナーが多いことに気づく——どこかやけくそ気味の、40歳、50歳の男性たちだ。中には、胸に「50、まだホット」と大きく書かれたピチピチのTシャツを着ている人物もいる。

信じられないほど過酷な走りを終え（もう二度と挑戦なんかしない！）、ホテルにたどり着くと、私はすぐ統計値を探りはじめた。すると案の定、マラソンに参加する男女の中で、ぴったり30、40、50歳の人が際立って多かった。男性でマラソンを走る最も多い年齢は50歳、女性では30歳だ。そして節目の年（30、40、50、60）に挑戦するランナーの数は、男女を問わず統計値で上位を占める。２３０万人を超えるマラソンランナーの統計では、節目の年の参加者は全部で13・３％と、全体を平均した人数を大きく超えている。なかなかの数だ。ただし、そのランナーたちの健康状態が他の人たちより上かどうかは、また別の話になる。

私がどれだけ速く走れたかについては言わないでおく。でもひとつだけ言っておくと、あのピチピチ「50、まだホット」Tシャツを着た少し太り気味の男性は、ストックホルムのスタジアムに入ってからのラストスパートで、私をわずかに抜き去った。それが私の自尊心を傷つけなかったとは言えない。

（ヘルゲ）

人がいつ、最も年をとったと感じるか、考えてみてほしい。

42歳になったとき？
それとも40歳になったとき？

私たちが40や50の「魔法の」数字を通過するとき、実際にはどんな反応をしているのだろうか。急に、それまでよりずっと年上になったと感じるのか。自分の体を見る目が変わるのか。奇妙なことを調べる研究が山ほどある中で、誰かこのことについても調べていないだろうか？　でも、そうした研究をした人はいなかった。そこでストックホルムマラソンに触発された私たちが、やってみることにした。

まず、あらゆる年齢の人たちから無作為に選んだ数百人に質問用紙を送り、実際の年齢、自分では日ごろから何歳だと感じているか（精神年齢）、その他、体形や体調などについて、さまざまなことを尋ねた。そして、30歳、40歳、50歳などになった人たちと、その他の年齢の人たちとを比較した。

さて、この調査でどんなことがわかったか。まずひとつに、ほとんど全員が、自分は実際の年齢より若いと感じている。「若者」でも「老人」でも、精神年齢は一貫して実年齢より低い。たぶんそれほど不思議なことではないだろう。人は自分が若くて精力的だと感じている必要がある。平均すると、私たちの精神年齢は実年齢より8・4歳若く、実際よりもかなり若いと感じていることになる。

それでもおもしろいのは、ゼロで終わる年齢の人たち、たとえば40歳や50歳になったばかりの人たちは、その誕生日にはそれ以外の誕生日より相対的に、自分は年をとっていると感じる。実年齢から精神年齢を差し引いた差を見ると、節目の年とその他の年とでは一貫した違いがある。節目の年には、実年齢より平均で6歳しか若いと感じていないのだ。言い換えるなら、他の年より2・4歳、精神年齢が高くなる。そして、自分の脳は何歳だと感じているか質問すると、平均して他の年より3歳高い。

妻がもうすぐ39歳になるという週に、私は誕生日に何をしたいかと尋ねてみた。すると、「そうね、とにかく盛大なパーティーを開かなくちゃ。何しろ40歳になるのだから」と答えた。私が、次の誕生日はまだ39歳だと指摘すると、妻は驚き、大笑いしながら、「もう39歳だと思っていたわ！」と言った。そして翌日、彼女は眼鏡を作るために予定していた目の検査の予約をキャンセルした。

（ミカエル）

明らかに、人は自分の年齢に対するこだわりが強く、その数字に影響されている。でも、人間の一生を年単位で数えるのは正しい方法だろうか？　日数で数えるほうが賢明ではないだろうか？　それによって人の人生観は、何か影響を受けるだろうか？

　そこで、それも試してみることにした。私たちは１０００人に平均寿命を予測してもらい、日数と年数で表わした選択肢を用意した。それから、自分の人生がどれだけ有意義だと感じているかを尋ねた。選択肢が日数でも年数でも、実質的にその長さが同じなら影響はないはずだ。それに、有意義かどうかは長さで決まるものではなく、何をするかで決まる。そこで結果を見てみると、やはり影響はなかった――少なくとも、数が言葉（「thirty thousand days」や「eighty-five years」）で書かれていた場合は。ところが注目すべきことに、選択肢を数字で見た人（「３００００日」や「85年」）は、年数で書かれたより日数で書かれているほうが、人生はより有意義だと感じた。

　私たちの実年齢は、節目の年の誕生日だけに影響を与えるわけではない。日常生活で繰り返しその数字（通常は、21、47、69、85、のように数字で書かれている）を思い起こす機会があるために、知らないうちに影響を受けている。

　少し前に、自分がどれだけ年をとっていると（または若いと）感じているかを思い起こした後には、歩く速さが影響を受けることを明らかにした研究を取り上げた。その場合は

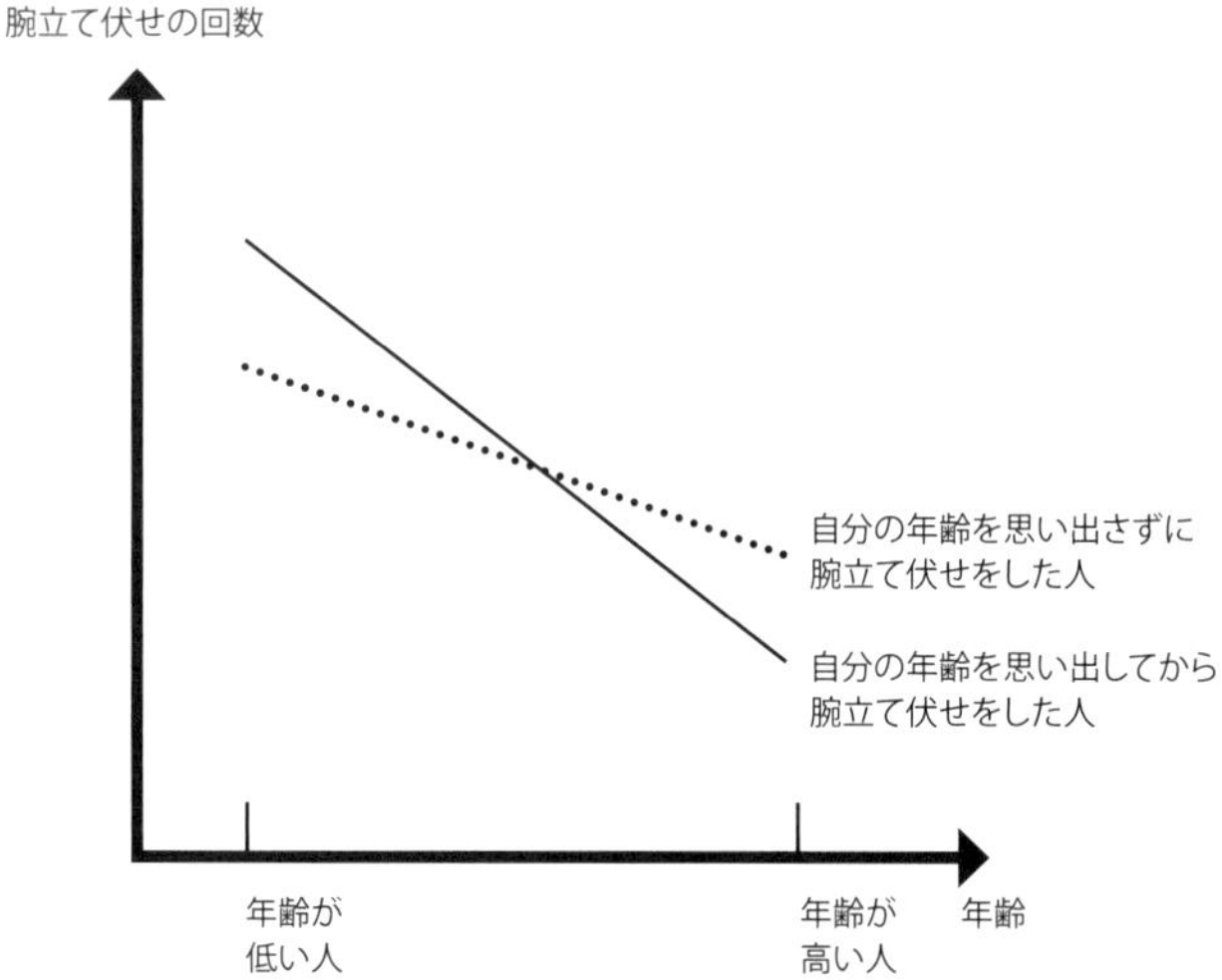

精神年齢についてだったが、実年齢を思い起こした場合はどうなるのだろうか。そのような研究はなかったので、私たちがやることにした。２０００人以上の人たちに、限界まで腕立て伏せをしてもらったのだが、半分の人たちには腕立て伏せをした後に自分の年齢を書いてもらった。また、残り半分の人たちには、自分の年齢を書いてから――そうして自分の年齢をしっかり思い出してから――腕立て伏せをしてもらった。当然ながら、年齢が低い人のほうが、年齢が高い人より回数は多く、年齢の中央値の上と下では平均で25％の差があった――それは、腕立て伏せをした後に年齢を書いた人たちの場合だ。それに対して、腕立て伏せをする前に年齢を書いた人たちでは、差

が50％に近くなった。参加者が自分の年齢を思い出してから腕立て伏せをすると、年齢の高低での差が、ほぼ2倍に広がったわけだ（そして、参加者が報告した運動の大変さにも、同じことがあてはまった）。

私たちの老化や腕立て伏せの回数に数字が影響を与えているという事実は、個人レベルでは愉快で、わずかな心配程度のものだが、社会レベルになると、もっと不快なものになり得る。現代の、どんなところでも年齢が注目される状況を考えてみてほしい。

・何かを記入することになると、マーケティングリサーチでも投票でも世論調査でも国勢調査でも、たいていは年齢について質問される（そして回答は、年齢を考慮して検討される）。
・デーティングアプリのプロフィールには年齢を記入することになっていて、相手のプロフィールを見るときにも年齢をフィルターとして用いる。
・健康診断を受けるときには、年齢の申告を求められる。心拍数と脈拍から気分と活動レベルまで、あらゆることを追跡する健康関連の多くのアプリでも同じだ。
・スポーツイベントに参加したければ——たとえば、ワークアウトの成果を競うクロスフィットゲームズからレースまで、さまざまなイベントで——年齢別グループに登録するよう求められることが多い。

そのため、現代社会で年齢による差別の問題が大きくなっているのも不思議ではなく、年齢が上がると雇用からスポーツチームの選抜まで、あらゆる状況で冷遇されるようになり、自分や周囲の人の年齢が上がっていく中で自分の姿を見ているうちに、遅く、弱く、世の中の事情に疎くなったと感じるだけでなく、実際にそうなるリスクを負うようになった。節目の年齢を迎えるごとに各年代グループの格差は広がるので、人々はますます互いに疎遠になり、仲間になろうと思わなくなっていく（ところで、デーティングアプリでは、31歳が38歳を拒絶するより、37歳が41歳を拒絶する傾向のほうが強いのは、実に奇妙ではないだろうか）。2020年に実施された45か国の数百万人を対象とした大規模なメタスタディの結果、年齢による差別があると組織的な形で高齢者がケアを受けたり雇用されたりする機会が減少するとともに、他の人との交流が希薄になり、身体的および心理的な健康障害が増え、寿命が短くなることがわかった。

全部SNARC（スナーク）効果のせい

私たちの体の強さや老化に与える数の影響は、心身相関（サイコソマティック）の一例だ。数が私たちをさまざまな方法で考えさせ（心理的―サイコ）、それが身体に影響を及ぼす（身体的―ソーマ）。だが数は、自分で考えるより前に、無意識のうちにも私たちに影響を及ぼしている。

1から4までの小さい数は、無意識のうちに私たちを左に動かしやすく、6から9までの大きい数は、右に動かしやすい。これを実証する楽しい実験はたくさんある。たとえば、被験者に数を無作為に次々と口にしながら歩いてもらい、突然、左右どちらでも好きなほうに曲がるよう指示する。すると、指示が出る直前に小さい数を口にしていた人は左に曲がり、大きい数を口にしていた人は右に曲がる傾向があった。同じく、左に曲がったばかりの人は続けて小さい数を口にする傾向があり、右に曲がったばかりの人は続けて大きい数を口にする傾向があった。また、異なる方向にどれだけ素早く動くかについても、これと同じ効果が見られる。それは、歩いているときでも、走っているときでも、自分に向かって飛んでくるものをつかむときでも同じだ。

何かを手でつかむ能力は、右からくるものでも左からくるものでも、数によって影響を受ける。つまり、手と指の筋肉は、数を見たり聞いたりすると自然に反応する。小さい数は少しだけ手を握る方向に動かし、大きい数は反対に少しだけ手をひらく方向に動かす。これは人の手に電極をつけて筋肉の動きを計測し、その人にものを投げ、それをつかめるかどうかを調べることで確認された。

研究者たちは、このように数によって左右される動きのパターンを、体の動きも視線の方向も含めてSNARC（スナーク）効果と呼んでいる。Spatial-Numerical Association of Response Codes（応答コードの空間・数値関連付け）の頭文字をとったものだ。私たちには、後ろに動くときには小さい数を、前に動くときには大きい数を思い浮かべる傾向がある。同様に、大きい数を思い浮かべるときには上に向かって、小さい数を思い浮かべるときには下に向かって、より速く動いて（歩いて）いる。

1、2、3などの数について考えるとき、心の目には1が左にあり、2と3が右に向かって並び、そのまま10まで続く数直線のようなものが見えているはずだ。また10から1まで数えるときには、心の目は上から下に向かって視線を動かすだろう。こう考えると、「カウントダウン」と呼ばれている理由を説明できるし、日常語として数が上がる、下がる、と言う理由もわかる。

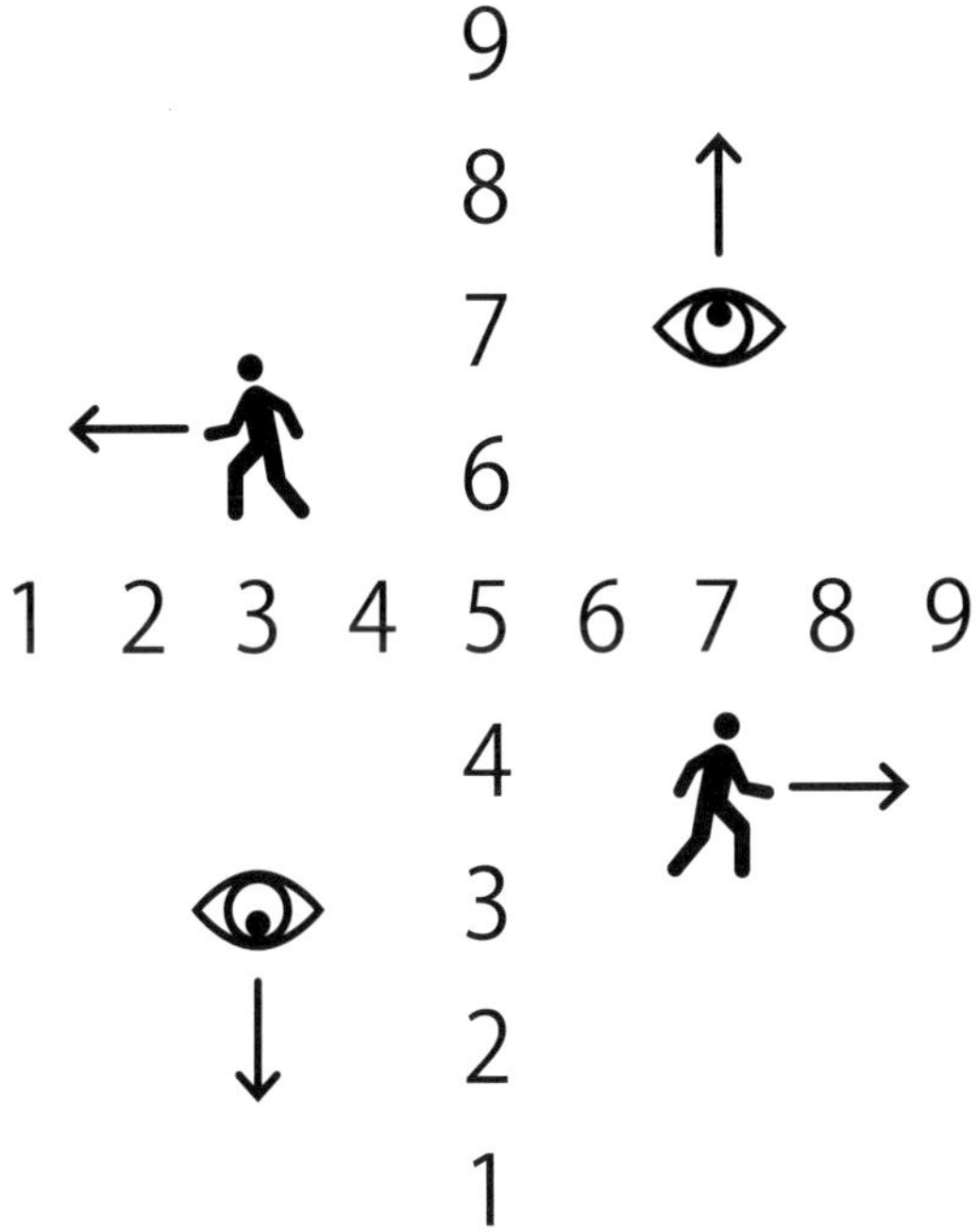

ＳＮＡＲＣは、人々の空間の理解と数の理解とがつながっているという事実を示している。それは実に興味深い。なぜなら、空間と数とをつないでいるのは、脳の前頭葉の後ろにある頭頂間溝（ＩＰＳ）という小さい部分だからだ。脳スキャンを用いた研究によって、私たちが数字を見たり数について考えたりすると、ＩＰＳが活性化することがわかっている。だが、私たちが深さや距離を見極めようとするときにも同様にＩＰＳが活性化する。そして、異なる方

向に注意を向けるときにも。手を用いて反射的に動いたり反応したりするときにも。

数はこのように、体を動かす基本的な行動の多くと神経学的に結びついているために、人は多かれ少なかれ本能的に、数に反応してしまうわけだ。研究者はIPS内の脳細胞を、「数ニューロン」と呼ぶことがある。そうしたニューロンは数字専用に反応しているように見え、しかも人が言葉に反応するのに比べて、ほんのわずかな時間しかかからない。

このことはおそらく、「脳が私たちのもって生まれた生存本能に数字を結びつけている」という事実に関係するのだろう。私たちは生まれつき、周囲にある物の大きさと数を見分けることで、異なる量を区別する能力をもっている。赤ちゃんは生まれてから4日目でもう、大きい積み木と小さい積み木を区別できるし、1個の積み木と2個の積み木の違い、2個の積み木と3個の積み木の違いがわかる。生まれて6か月たつと人は数を解釈する力をもちはじめるので、太鼓を3回叩く音を聞いた赤ちゃんはごく自然に、2個の点を描いた絵ではなく3個の点を描いた絵を見つめる。また、目の前にある積み木の数を誰かが変えたとき、目に入る物の大きさが変わったときには、すぐ反応する。類人猿も、ネコも、同じだ。これについておもしろい実験が行なわれていて、まず2個のボールを類人猿とネコから見える場所に置いた。その後、間に仕切りの板を置いてボールが見えない状態にし、ボールを1個に減らしたり3個に増やしたりしてから、再び仕切りの板を取り除いた。すると、類人猿とネコは驚いた様子で、自分たちの目が信じられないような仕草をしたという。数と大きさに反応することは、すばやく敵を見極めたり、隠れ処や食べ物に近づいたりするときには、生死を決定付ける場合もあるほど重要なのかもしれない。

これで、数を数えられるのが人間だけではない理由がわかるだろう。ほとんど動物の本能らしい。たとえば、ある研究者たちは類人猿とネコだけでなく、ハトと（もちろんどの研究室でも気に入られている）ラットにも、2つのものを足すことを教えた。動物たちは、成功すれば食べられるという方法だ。またハーバード大学の研究者アイリーン・ペパーバーグは、飼っていたヨウム（大型のインコ）のアレックスに何年かトレーニングを続け、6まで数えられるようにした。ただし、アレックスをはじめとした動物たちが物（ボール、種子、鳴き声、単語）の数を数えるのに対し、私たち人間は4歳になったころから、数字を利用すると同時に数字に反応する独自の能力を発達させて、動物たちとは異なることを示していく。ほとんどの人は読み書きができるようになるずっと前から数を覚えはじめ、頼りになる自分の指と関連付けながら、動物的本能を数字と大きさに反応するよう仕向ける脳の部分に、数に関わる独特なニューロンを作り出す。言い換えるなら、私たちは数に対して、それがどんなものに関係しているかにかかわらず、まるで生死に関わる重大問題であるかのように反射的に素早く反応するよう、脳をプログラムしているのだ。

このことを考えれば、数が私たちに身体的な影響を及ぼして、強くしたり弱くしたり、若返らせたり老いさせたりと、異なる方向に進ませてしまうのもそれほど不思議なことではないだろう。あるいは、数がとてもたくさんの異なる方法で、とてもたくさんの異なる前後関係で、実際には自分でも気づかないうちに影響を及ぼしてしまうのも。そして数は、本能的で動物的な反応を思ってもみなかったことと関連付けてしまうために、役立つと同時に混乱させるものだというのも。

数がなければ変化や相違に気づけない

数のせいで、私たちは数がなければ気づかなかったかもしれない変化や相違にも敏感になる。たとえば、アマゾン川流域で暮らすムンドゥルクの人々について考えてみよう。この先住民は5までしか数えられない。人類学者が居住地を訪れ、穀物の2つの山から小さいほう、または大きいほうを選ぶ、という問題を解いてもらった。すると、両方の山の穀物が5粒以内なら問題はなかったが、それを超えると、ムンドゥルクの人々が正しく選ぶのはかなり難しくなった。その場合どちらが大きいかを正しく見分けるには、一方の山にもう一方の2倍の粒が必要だった。研究者が山に粒を足したり、山から粒を取り去ったりしたときも、同じことが起きた。山に含まれている穀物が5粒を超えると何が変わったのかよくわからなくなったのだ。

一方、アマゾン川流域の別の場所で暮らすピラハの人々が知っている数は、1と2だけだ。人類学者が、何本かの線を描いた紙を見せて、同じ数の線を描くように頼むと、問題なくできたのは線が1本か2本のときだけだった。3本からは難しくなり、線が5本になると、描けた人は半数にすぎない。

別の実験では、研究者がブリキ缶にいくつかのナッツを入れ、まず缶を傾けてピラハの参加者が中を見て何個あるかを確かめられるようにしてから、元に戻して中が見えないようにした。そして、缶から1個ずつナッツを取り出していき、缶が空っぽになったと思ったら言ってほしいと頼んだ。すると、缶の中のナッツが1個か2個のときには参加者全員が正しく予想できたが、缶の中のナッツが5個になると、空になったときを正しく言えたのは19人のうち4人だけになった。そしてナッツが6個では、正しく言えたのは10人のうちひとりになってしまった。

ムンドゥルクの人々が私たちよりゆっくり年をとっているかどうかは知る由もないが、ムンドゥルクとピラハの人々はどちらも同じように、年齢に関する不安からは解放されていると言えそうだ。年ごとに自分の年齢を数えているとしても、それはおよそ5年間までで、その後はあまり気にならなくなるだろう。おそらくインスタグラムの「いいね」の数でストレスを感じることも、ナッツを欲張ることもない。彼らの「数ニューロン」が、それらの違いを数えたり理解したりするようにプログラムされていないからだ。

数を数えると言えば、マイケル・ジョーダンと背番号では何が起きていたのだろうか。背番号45をつけたシーズンにジョーダンの得点が少なかった理由については、1年間のブランクから復帰してすぐこの番号をつけたので、プレーに切れがなかったという説が最も有力だ。その後、再び調子を取り戻したときに背番号23に戻り、世界最高のバスケットボール選手の輝きを取り戻した。

この章で得た次のようないくつかの教訓が、軽い数字ワクチンの役割を果たすだろう。

1　人は数字の動物で、自覚しているかどうかに関係なく、数字の影響を受けるのを避けることはできない。だから、自分のためにも他人のためにも、数字には気をつけること。

2　数字に本能的に反応する前に、一瞬立ち止まって考えること。その数字のほんと

うの意味は何だろうか？（今の世の中では、生き残り、その日食べるもの、または友か敵かの問題であることはほとんどない）

3 魔法の境界など、ほんとうは存在しないと自覚すること。39と40の差は、38と39の差、33と34の差と、まったく同じだ。

4 自分の年齢、強さ、また自分が何者かを、数字に決めさせないこと——自由にさせれば、数字が決めてしまう。自分の数字は自分で決めること。

5 次にバスケットボールをすることがあれば、できるだけ小さい数字の背番号を選ぶこと。そうすれば敵チームの選手は本能的に少しだけ左に寄ってから、右にドリブルをしかけてくるだろう。きっと効果がある。

この数字ワクチンによって、読者のみなさんが自分や周囲の人の「身体的自己」に対する数字の影響を自覚し、うまく対処できるようになることを願っている。自覚と言えば、数字が私たちの「心理的自己」にどんな影響を与えるか、考えたことがあるだろうか。

第3章 数字とセルフイメージ

「いいね」の数が招いた自殺

2020年4月17日、18歳のヌール・イクバルと父親のパルベスは、インドの首都ニューデリー近郊にあるノイダの自宅でいっしょに昼食をとっていた。パルベスが足りない野菜を買いにちょっと外出し、家に戻ってくると、玄関のドアに内側から鍵がかかっている。どうしても開かないので警察を呼び、ドアを壊して家に入ったとき、そこで目にしたのはすでに息をしていないヌールの姿だった。警察の捜査の結果、このティーンエイジャーは自殺したと断定された。自分が公開したTikTokの動画についた「いいね」の数が少なすぎて、絶望したことが原因らしかった。

残念ながら、ヌールの事件は珍しいものではない。イングランドのランチェスターに住むクローイー・ダヴィッドソンは19歳で、写真モデルになりたいという夢をもっていたが、2019年12月に自らの命を絶った。ソーシャルメディアに投稿した自分の写真に期待したほど「いいね」がつかなかったことが、動機の一部だったとされる。同様の例は数多く、さいわい全体から見ればまだ珍しいとはいえ、周囲の人の判断が極端に目に見える形で公開され、測定可能になったとき、最悪の場合に起きる可能性がある事例だ。

アメリカではティーンエイジャーの死者数全体の13%を自殺が占め、その多くで、「いいね」、ハートマーク、シェア数、ヒット数、フォロワー数といったソーシャルメディアの新しい通貨が死の一因となっている。「いいね」の数が少ないというだけで人が死ぬとは思いもよらないかもしれないが、個人の人気と価値をそうして過度に数値化すれば、既存の心理的、社会的メカニズムをいっそう強化してしまう可能性がある。「いいね」の数は、傷つきやすさと思い上がりの両面のセルフイメージを増幅する役割を果たし、数時間、いや数分という短い時間で、自我を破壊することも高揚させることもできる。自分自身を表わす数値にさらされることで、弱い者はもっと弱いと感じ、強い者はもっと強いと感じるのだ。

世界最大のソーシャルネットワークとなったフェイスブックでは、1日あたり50億を超える「いいね」が毎日生み出されており、1分ごとに400万近い「いいね」が飛び交う。一方インスタグラムでは、1分ごとにほぼ200万枚の勢いで、友達や知り合いの写真に「いいね」がつく。そうした写真や投稿には「いいね」の数がはっきり表示され、自分自身や、自分の休暇、子ども、趣味、夕食、ビーチの水着姿にどれだけ人気があるか、どれだけ人気がないかを、誰でも見られるようになっている。

だがいったいこれらの数は、セルフイメージや自信とどんな関係があるのだろうか。そして、ソーシャルメディア以外の場所で絶え間なく私たちの目に入ってくるその他の数字はどうだろうか？　預金残高、獲得したボーナスポイントの数、脈拍数、きょう歩いた歩数を知って、何になるのだろう。さまざまなアプリやデジタルインターフェースを通して、私たちには朝から晩まで、自分に関する数字、自分の成果、自分の実績の計測値について、山ほどの情報が供給され続ける。このことは私たちのセルフイメージとアイデンティティに、自分が思うより大きい影響を与えているのだろうか。

お金がもたらす「ろくでなし効果（asshole effect）」

今からずっと前、まだインターネットもスマートフォンも、その他のインターネットに接続されたデバイスも何もなかったころには、自分自身や互いを測る数、あるいは定量化できる単位は、ほとんど存在しなかった。他者の年齢、子どもの数、それから手と足の数くらいはだいたい承知していたかもしれないが、その他の特徴のほとんどは、知ろうと思えば見積もったり推測したり、あるいは他の人と話し合ったりしなければならなかった。同様に、自分自身に関する冷酷な事実を知ることもほとんどなかった。自分が飼っているネコを好きな人が何人いるか、1週間に歩いた歩数は何歩か、新聞に書いたコラムを実際に楽しんでくれた同僚が何人いたかなど、まったくわからなかった。私たちは、自分自身で定量化するしかない暗闇で暮らしていたのだ。

それでも、とても役にたつ数字がひとつだけあった。誰もがこだわり、近隣の人たちも自分自身もそれを用いて評価した重要な尺度。大切で、数量化でき、社会的に目に見え、何世紀にもわたって身近にあった明確な単位。それは、お金だ。

お金はいつも比較しやすく、数えるのが容易で、誰もがとても大切にする。お金はいつも地位、自信、社会資本をもたらし、歴史を通してあらゆる人々の間で定量的に比較できる――ソーシャルメディアの「いいね」と、それほど違いはない。そうした理由から、他の定量的単位と自己参照数値が私たちに何をするかを理解しようとしている今、お金の心理的影響に関係のある研究を少し詳しく見ていくのもおもしろいだろう。

ただお金を見るだけでも、お金について考えるだけでも、私たちには思っているより多様な影響が及ぶ。お金の写真を見た、紙幣や硬貨を手にした、あるいは、おもちゃのお金を触ったときにも、人の思考と行動に何らかの変化が起きる。お金の影響を調べるために数十年にわたって続けられた研究――お金のことを思い浮かべた人とそうでない人の行動を観察したもの――では、お金を思い浮かべると自分自身のことに考えが集中し、自分がより強いと感じ、より大きな自信をもてることがはっきりした。お金に触れた人は、自分自身の人生を思い通りにできるという気持ちが強くなり、独立心が高まり、他の人を必要とする気持ちが薄れる。お金は私たちの死に対する恐怖心を小さくするという研究結果まである。お金を見て、手で持った人は、実際にそうする場合も、そのふりをするだけでも、お金に触れなかった人よりも死を恐れなくなる。

お金を見て扱うと、他の人を助けたい気持ちが弱まり、取引という観点から世界を見る傾向が強まり、より冷淡になる。お金に触れた中から無作為に選ばれた人は、それ以外の人たちより思いやりが薄く、社交性が低いが、独立心が強く、何かを実現させるという状況では自信が十分にある。あまり魅力的な影響とは言えないかもしれない。中にはこれを「ろくでなし効果（asshole effect）」と呼ぶ者もいる。世界は自分のものだと思っている大金持ちの典型的な行動から着想を得た命名だ。とは言え、実際にお金を持っている人だけでなく、私たち全員に言えることなのだから、とても興味深い現象にちがいない。ごく平凡な、無作為に選ばれた人が、お金の感覚を思い起こすだけで、同じ効果が現れるというのだ——その人たちは、より計算高く、自己中心的になり、自信を強める。

数字と自己評価の驚くべき関係

さて、このことは、私たちが毎日出会うその他の数字や量的単位が及ぼす影響について、何を伝えているだろうか。フォロワーとボーナスポイントの数や、フィットビット（健康管理用のスマートウォッチ）に表示される数字も、私たちの自信とセルフイメージに同じことをするのだろうか。

それを簡単に調べるには、ソーシャルメディアを利用する人たちの脳を覗いてみるという方法がある。興味をそそられた私たちは、インスタグラムのアカウントをもつ300人以上のアメリカ人を対象に、「いいね」の数と自信の間につながりがあるかどうかを調べてみた。すると、ほぼ予想通り、「いいね」の数は自信過剰にも自己充足の感覚にも――つまり、どれだけ自分の思い通りにできていると思うかに――よく呼応していた。その調査では、インスタグラムの写真1枚あたりの「いいね」の数は平均で15だった。そこで次に、写真1枚あたりの「いいね」の平均数が全体平均より少ない被験者と多い被験者を、もっと詳しく調べてみると、興味をかきたてられるパターンが見えてきた。自分の写真についた「いいね」の数が多い人のほうが少ない人より、自信、人生に対する全体的な満足度、独立心が、大幅に高かったのだ。「いいね」が多い人では、ストレスレベルも低かった。

もちろん、自信がなく、ストレスレベルが高く、満足度の低い人は、誰も「いいい」と思わないような退屈で面白くない写真しか撮らないという場合もあるだろう。また、そういう人たちには友達がほとんどいないのかもしれない。そんなことはありそうもないとしても、そうした可能性を除外するわけにはいかない。そこで私たちは因果関係について何らかの説明をできるよう、「いいね」の数が多いと実際に自信が増し、その人はより強く、より優れていると感じるようになるかどうかを確かめるための小規模な実験も、やってみなければならなかった。

そのような理由から、私たちは2つの実験を行なった。ひとつ目は、アメリカの運動をする人たちのグループを対象としたものだ。お金やソーシャルメディアなどの要因とは関係なく、より高い、より優れた数字によってでも自信が強まるかどうかを確かめるために、私たちは参加者がどれだけ速く走ったかを示す数字に焦点を当てた。ただしそれには、参加者に少しだけ事実をごまかして伝える必要があった。まず、運動する人たちを無作為に3つのグループに分け、3分の1には平均より速く走ったと伝え、別の3分の1には平均より遅く走ったと伝えた。残る3分の1は対照群で、自分が他の人に比べてどれだけ速く走ったかについての情報を何も与えなかった。もちろん、参加者が実際に走った速さに、たいした違いなどない。ただ、私たちが彼らの気持ちを少しだけ操ったことになる。

で、結果はどうなっただろうか。平均より速く走ったと伝えられた人たちは、遅く走ったと伝えられたグループおよび対照群のどちらと比べても、全般的に人生に高い満足感を示し、自信が強く、ストレスレベルが低かった。気の毒なことに、平均より遅く走ったと思い込んだ人たちは、急に人生が重苦しく難しいものに感じられるようになり、自力で何かをできるという気持ちが薄れてしまった。実際には、その人たちは平均して、他の2つのグループの参加者とほぼ同じくらい体の状態がよかったにもかかわらず、だ。また、実験の参加者には自分の身体的魅力がどの程度だと思うかも質問し、さらに興味深い結果を得た。他の人より速く走れたと思った人たちは、急に、自分は平均より身体的に魅力的だ

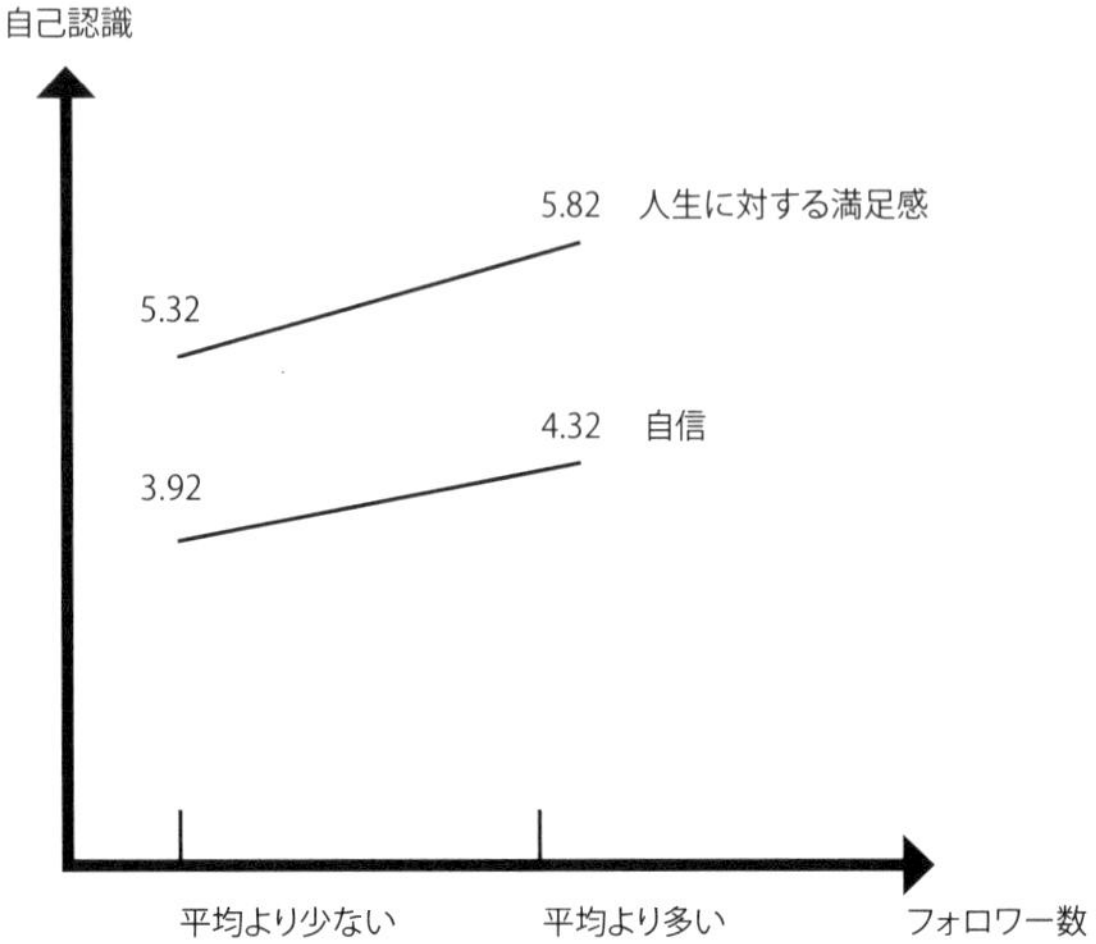

と考えるようになり、他の人より遅く走ったと思い込んだ人たちは、急に、自分は平均より少し見苦しいと考えるようになった。

２番目の実験は、インスタグラムのユーザー４００人を対象として、やはりアメリカで実施した。調査はオンラインを通した単純なもので、まず参加者に年齢と性別を尋ね、同じくインスタグラムのフォロワー数を尋ねた。そして次に、「私たちのアルゴリズム」を用いて、そのフォロワー数が同じ閲覧者層をもつ他のインスタグラマーより何人多いか少ないかを計算したと説明した。ただしここでもまた、少しだけごまかしたことを白状しなければならない。私たちの手元にはそんなアルゴリズムはなく、ただ、参加者を無作為に２つのグループに分けただけだった。そして、ひとつ目のグループには同じ閲覧者層をもつ他のインスタグラマーよりフォロワー数が39％多いと伝え、もうひとつのグループにはフォロワー数が39％少ないと伝えた。

どんな結果になったたか、たぶん予想がつくだろう――そのように伝えた後の調査では、フォロワー数が多いと言われた人たちはフォロワー数が少ない（と信じてしまった）人たちに比べて、より大きな自信をもち、人生に対する満足感も高かった。でも、忘れないでほしい。参加者は無作為に2つのグループに分けられたのだから、はじめから違いなどなかったのだ。変化があったのは、インスタグラムのフォロワー数が自分に似た他の人より、多いまたは少ないと信じたことだけだった。

ところで、実験に参加してくれたお礼をしたいので、2つのうちひとつを選んでほしいと伝えた結果はどうだろうか。ひとつは、コック長から個人で教わる料理教室、もうひとつは友人たちといっしょに教わる料理教室だ。すると、平均よりフォロワー数が多いと聞いた人たちは、エリート向けの個人で教わる料理教室を選ぶことが多く、お金がもたらす影響とあまり変わりがなかった。

ドーパミンとソーシャルメディア依存症

いくつかの調査によれば、ソーシャルメディアでたくさんの「いいね」をもらうと、脳でドーパミンが分泌される。２０１６年にアメリカで、インスタグラムに似たアプリで写真を見ているティーンエイジャー・グループの脳スキャン（ｆＭＲＩ）を撮る実験が行なわれた。写真には、実験の参加者自身のものと他人のものが含まれ、研究者がそれぞれの写真に（無作為に）「いいね」の数を設定しておいた。すると、自分の写真にたくさんの「いいね」がついているのを見たティーンエイジャーの脳で、主要部分の活動が活発になることがわかった。活動が最も活発になったのは、報酬系に加えて、社会脳と呼ばれる領域と、視覚的注意につながる領域だ。そこで研究者たちは、「いいね」はソーシャルメディア依存症を生み出す役割を果たし、脳にギャンブルと同様の影響を与えると結論付けた。

ソーシャルメディアの数量化と「いいね」の問題点を取り上げている研究は山ほどある。数多くの調査が指摘しているのは、ソーシャルメディアの利用によって依存性、自己陶酔、鬱が引き起こされる可能性だ。与えられた「いいね」の数と自信とのつながりも詳しく研究されている。「いいね」の数が多ければ多いほど、自信も大きくなる。「いいね」の数が少なければ少ないほど、自信も消えていく。「いいね」の数が自信に対してそれほど直接的で即効性のある影響をもたらす理由のひとつには、社会的な比較が、信じられないほど単純な形で見えてしまうことにある。2つの数字は、この上なく比較しやすい。休暇の様子を撮影した2枚の写真、料理を写した2枚の写真となると、そうはいかない。写真には解釈の余地も曖昧さもあり、評価は見る人の主観に左右される。2枚の休暇の写真を見ただけなら、写し出された光景ははっきり異なっていることが多く、自分の写真も別の写真も同じくらいよいものだと思えるだろう。ところが、自分の休暇の写真には「いいね」が200ついて、別の写真の「いいね」が50だけなのに気づくと、誰の目にも「いいね」が多い休暇のほうが上のように感じられ、「いいね」が少ないほうの写真を投稿した人も同じように感じる。

ところが「いいね」と自信の仕組みの奇妙な点は、尺度の両端を傷つけてしまうように見えるところだ。「いいね」をあまりたくさん獲得できない人は、鬱になる危険にさらされ、自信を失う。他方、「いいね」をたくさん獲得している人は、自分の興味に没頭して自己陶酔に陥るリスクを負う。

私たちが陥っている「比較地獄」

私たち人間は、自分と他人を比較するのが大好きだ。身の回りの世界を理解するために、私たちは他者が自分と同程度か、自分より優れているか、自分より劣っているかを知っておく必要がある。そこで初対面の人に会うと、その人が社会秩序や社会階層で自分より上か下かを素早く判断し、考えられるあらゆる特徴に基づいて互いをランク付けして分類するのが大好きなのだ。そのために、ほとんど何にでもランキング表を作る。スポーツの順位、ホテルの格付け、世界幸福度、信用格付け、よい学校、病院、空港……。

社会的な比較によって、私たちの実績と意欲が高まる最大の理由は、比較の結果が悪ければ自分自身のセルフイメージに対する脅威だと感じて、次回はもっと実績を上げようというやる気が高まることにある。もし他の人たちが自分より速く走ったり、インスタグラムで自分より多くの「いいね」を手に入れていたりすれば、自分もそのレベルに達したい、理想を言えばそれを超えたいと考える。そして比較の内容が自分にとって重要なものであればあるほど、向上したいという意欲も大きくなるわけだ。神経心理学の研究によって、社会的な比較は、脳内の報酬中枢と密接に結びついていることがわかっている。もし自分の実績が他の人より高ければ幸せを感じ、他の人より低ければ、悲しみか怒りを感じる。

ところで、オリンピックで銀メダルを獲得した選手と銅メダルを獲得した選手では、どちらの抱く幸福感のほうが大きいのだろうか？　これについても研究が行なわれている。ゴールラインに達した瞬間および表彰台に立った瞬間の、選手の表情を分析してコード化することが可能だ。研究の結果、明らかになったことは？　なんと、銅メダルを獲得した選手のほうが銀メダルを獲得した選手より、一貫してはるかに満足度が高かった。だが、銀メダリストより銅メダリストのほうが成績が悪いのに、どうしてそうなるのだろうか。それは、銀メダリストは金メダルを「逃した」のに対して、銅メダリストは表彰台に上る権利を手にしたからだ。銀メダリストは金メダリストと自分を比較し、銅メダリストはメダルを逃した人と自分を比較する。

私たち人間は、社会を見回して「下方」より「上方」と自分を比較する機会が多く、それがよいことだと直観的に考えている。より有能な人、速く走る人、賢明な人と自分を比べれば、向上するための刺激と意欲の両方を手にできるではないか。ところが残念なことに、その正反対のことも起きてしまう。社会の上方と比較することで、私たちの不満は高まる。それはオリンピックの銀メダリストに聞いてみればわかることだろう。

あるいは、フェイスブックをはじめとしたソーシャルメディアで何が起きているかを見てみよう。そこではユーザーが目を向け、フォローし、比較する相手を上方にするか下方にするか、自分自身で選ぶことができる。上方には、自分より外見がよく、裕福で、「いいね」の数もフォロワー数も多い人たちがいる。一方の下方には、自分よりみじめな暮らしを送っているように見える人たちがいる。そうした状況で、ほとんどの人が何を好んでいるかはわかるだろう。予想できる通り、「いいね」もフォロワーも友達も順位も、すべて自分より上方の人と比較してしまうのだ。研究によれば、その結果、自分自身の暮らしに対する満足度が下がるだけでなく、他の人たちの暮らしを過大評価するようにもなるという。さらにそのような影響は、たいていの人が自分の実際の暮らしを伝えるものではなく、それを美化した写真をソーシャルメディアに投稿している事実によって、さらに拡大されてしまう。研究者が、参加者にソーシャルメディア上の異なる（偽の）プロフィールを判断してもらう実験を行なったところ、社会的に自分より下方の人と比較しても、その人の自信には何の効果も生じなかった。下方との比較によって自らの自信は向上すると思えるかもしれないが、そうはならない。一方で、上方の人と比較した場合には、参加者が抱く自信および暮らしに対する自己評価は低下した。そのため自我にとっては、ソーシャルメディアのアプリを開いて他人の「いいね」やプロフィールをスクロールすることは、明らかに不利なように思える。

実際にはテレビを見るのも同じようなものだ。テレビの画面に登場する人やテレビの連続番組に出演している人たちは、一般に平均的な人々より少し裕福で、成功している。日常的にテレビを見る時間が長い人には、どんなことが起きるか想像できるだろうか？　そういう人は、平均して、自分の周囲にいる人たちが実際よりも裕福だと信じるようになってしまう。さらに、自分自身の財産と幸福を過小評価するようにもなる。

では、同僚の収入がどれくらいかを知ったとき、その人の意欲と充足感に何が起きると思うだろうか？　そのような人たちは、人生における新しい不満の種を見つけてしまう。いつだって、不釣り合いだと思えるほど高い収入を得ている同僚がひとりくらいはいるものだ。イギリスの５０００人の被雇用者を対象とした調査では、同僚の収入が自分に比べて高ければ高いほど、自分は不幸だと思う度合いが高まることがわかった。また、高名なハーバード大学に在籍する学生とスタッフを対象とした別の調査では、同僚の収入が25万ドルで自分が10万ドルの収入を得るより、同僚の収入が2万５０００ドルで自分が５万ドルの収入を得るほうがよいと言った回答者が半数にのぼった。自分の収入が最低賃金の半分に減るほうがよいと考えたのには、ほんとうに驚かされる。

社会的な比較はどこにでもあり、私たちは意識的にも無意識にも、絶え間なく比較している。しかも比較の「ものさし」になるのは、「いいね」の数、アクセス数、シェア数、フォロワー数にかぎらない。私たちの暮らしにちりばめられている他の数字でも、すべて同じことが言える。たとえば、収入、体重、身長、1日の歩数、歩く速さの平均、ボーナスポイント、さまざまなゲームのレベル——まさに、ありとあらゆるものだ。新しいセンサー、進む一方のデジタル化とグローバル化も、朝から晩まで、自分と自分のまわりのものについて手にする数字が増えている理由になっている。今では何にでも「ものさし」がある。

そしてさらに厄介なのは、少し前までは比較することなどまったくできなかったことも、今では簡単に比較できるようになったことではないだろうか。以前なら、数字がどうしても入り込めない小さな隠れ処とも言える場所があり、そこではみんな自分で考え、推論し、評価しなければならず、主観性というものが必須だった。個人的に評価したことは、誰もが同じように、正しいこともあれば無茶苦茶なこともあった。四六時中ものごとを比べることなんて、できない場所だった。ああ、あのころには、もう二度と戻れない。

以前は比較できなかったことも今では比較できるようになった。あらゆるものを数字化して「ものさし」にできる時代になったのだ。

自分が太りすぎか痩せすぎか心配になる？　それならBMIが答えを教えてくれる。自分には身体的魅力があるかどうか気になる？　それなら自撮り写真についた「いいね」の数やマッチングアプリ「ティンダー」のスワイプ数が、はっきりした答えを見せてくれる。

財務の責任者？　それなら信用格付けをチェックすることだ。近所の人が自分より快適な休暇を楽しんできた？　それなら滞在したホテルをトリップアドバイザーで見てみればいい。

私たちの暮らしに関するこれらのデータを蓄積している企業は、もちろんこのような状況が及ぼす心理的な悪影響に気づいている。フェイスブックがサービスを開始してから5年間は、そのネットワークサービスに「いいね」ボタンはなかった。けれども、その小さいボタンがいったん姿を現すと、それはフェイスブックだけでなくその他のソーシャルメディアの拡大と商業的成功にとって、とりわけ重要なものになったのだ。研究によってソーシャルメディアの「いいね」と数量化にまつわる数々の心理的悪影響が確認されていくにつれて、ソーシャルメディアの企業もそれについて何か対策を施さざるを得なくなったために、2019年に（フェイスブック〔現メタ〕傘下に入っている）インスタグラムはサービスを試験的に変更し、ユーザーは写真の「いいね」ボタンを押すことができても、他のユーザーが獲得した「いいね」の数および動画再生回数を見ることができないようにした。そのテストはカナダで行なわれ、のちに他の6か国でも続けられた。「われわれがこのテストを実施しているのは、手にした『いいね』の数ではなく、みなさんが共有している写真と動画にフォロワーが集中できるようにしたいからだ」と、インスタグラムの代表者はコメントしたが、そのような変更によってサービスの魅力とユーザーの依存性が減り、その結果、1日にクリックする回数が減るかもしれないことが、会社にとっての当然の課題ではあった。テストが公になったときのユーザー側の直接の反応も、とても否定的なもので、その多くはインスタグラムが「誰も望まない」変更を取り入れたと感じていた。テストの結果と会社が得た結論はまだ公表されていないが、インスタグラムのユーザーはまだ、「いいね」の数と動画の保存数の両方を見ることができる。

私の娘が、インスタグラムにはみんな（?）「フィンスタ（finsta）」をもっていると言った。フィンスタというのは「フェイク・インスタグラム」のことで、正式なアカウントの他に、「裏アカウント」をもっているというのだ。一部の人は、あえて編集を加えずに完璧に見せようとしない写真を、ごく親しい仲間だけで共有できるようにフィンスタをもっているが、大半は自分自身の投稿に「いいね」をつけられるようにそうしたアカウントを用意しているらしい――「できるだけたくさん『いいね』がほしいでしょ」。それは他の人に強い印象を与えるためなのかと尋ねると、娘は肩をすくめて、「ただ気分がいいからよ」と答えた。その言葉を聞いて私は、まだインスタグラムが新しかった時代にアメリカで覚えた言葉を思い出した。「インスタキュリティ」〔訳注　instacurity――Instagram＋insecurity（不安感）」というものだ。それは、何かを投稿した直後に「いいね」が集まってこなくて、不安になることを言う。

（ミカエル）

数字が形づくるアイデンティティ

身の回りを飛び交う数字によって私たちの自信および感情が影響を受けることに、疑いの余地はない。ではそうした数字は、私たちのアイデンティティに、また私たちが何に関心を抱くかにも、影響するのだろうか？

民間企業や公共部門で働いた経験のある人なら、自分に関連することで計測された数字が重要なことを誰でも知っているだろう。たいていは、少し重要になりすぎるほどかもしれない。顧客満足度でも、採算性でも、売上高でも、その数字は頭に入り込んできて、意欲、選択、優先順位決定に影響を及ぼす。北欧の商科大学の教授という仕事をしている著者自身も、思いつくかぎりのあらゆる角度から、絶えず計測される身だ。教授法の評価、メディアでの発言回数、科学論文の数、それら論文と学術雑誌のインパクトファクター〔訳注　掲載された論文が他誌に引用された回数を用いて計算した、雑誌の影響力を示す指標〕、論文の引用回数、グーグルスカラーのh指数、リサーチゲートのスコア（RGスコア）、その他に何十もある計測パラメーター。そして、数字はただ見えやすく、簡単に比較でき、建前上は客観的だという理由だけで、雇用者にとっても、同僚にとっても、私たちが自分自身をどのように見て評価するかにとっても、重要なものになっている。

だが、数字が関わってくるのは仕事だけではない。自分のスマートフォンにあるアプリを、ざっと見わたしてほしい。そして、それぞれのアプリからどんな数が提供され、それを見て何を思い出すかを考えてみよう。そして、一人ひとりの興味と個性に応じて、おそらく自分の暮らしのほとんどの側面に関する数字が目に入ってくるはずだ。まず、経済状態に関する情報——銀行口座とローンの残高、信用度、年金、ファンド、株式。さらに健康に関する情報もある——歩数、歩いた距離、脈拍数、平均歩行速度、上った階数。そしてソーシャルメディアからも、閲覧数、「いいね」の数、フォロワー数、シェア数、ヒット数が届く。あちこちのメンバーポイントについての情報も送られてくるし、パズルゲーム「キャンディークラッシュ」と農場ゲーム「ヘイ・デイ」のレベル、エネルギー消費量、トリップアドバイザー、エアビーアンドビー、ウーバーのランキング。その他にも会社、アプリ、センサーから、また別の数字が次々にやってくる。

そして、それらの数字は客観的で、真実味を帯び、具体的で、明確で、普遍的で、比較が簡単に思えるから、重要さを増していき、自分が何に集中してどのように優先順位を決めるか、そしておそらく自分をどう見るかにも、影響を及ぼしはじめる。

「あなたは真の旅行者です」と、SAS（スカンジナビア航空）のアプリが私に話しかける。証拠は明確だ——2003年から今までに世界を6・7周し、504時間も飛行機に乗った。この会社のアカウントには21万3726ユーロボーナス・ポイントがたまっている。そして、その数字が提示されるからといって自分が大旅行家だと感じるわけではないが、SASのアプリを頻繁に開けば開くほど、ますますその数字が目に焼きついて、私はその数字とそれが表わすものを自分のセルフイメージに一体化させてしまう。私は大旅行家だ。本物の国際的旅行家だ。それが私なのだ。

（ヘルゲ）

スマートフォンに表示される数字とそれが表わす内容は、わずかながら、人のアイデンティティに影響を及ぼしている——それはこっそりと自己を強める効果をもつらしい。ツイッター（現X）に突然、大量のシェア数が表示されれば、自分は公開討論の重要人物になったように思え、もっとツイート（現ポスト）を繰り返すようになるだろう。自分がエクササイズをしている写真に大量の「いいね」がつけば、もっと投稿するようになる。そうするとエクササイズが自分にとってさらに重要になり、インスタグラムへの投稿でエクササイズの写真が占める割合が高くなっていく。大量の「いいね」が大量のドーパミンを分泌させ、セルフイメージを強化し、その写真、その活動、あるいはその洋服が、自分にとってより重要な意味をもつようになるからだ。

計測できるあらゆるものがこうして自分のアイデンティティにとって重要性を増していき、数字が自信とセルフイメージに大きな影響を与えるならば、私たちは日常生活で接する数字に、もう少し用心するべきだろう。

ここで、読者のセルフイメージにとっての数字ワクチンとなる、5つの簡単なアドバイスをあげておく。

1　数字とお金にはたくさんの共通点があるという事実に注意すること。数字の影響を受けて、人はより計算高く、自己中心的になり、自分のことばかりに夢中になってしまう場合がある。誰もそんなことを望んではいないだろう。

2　低い数字と高い数字は、両方とも自分のセルフイメージを崩壊させる可能性があるのを忘れないこと。低い数字は自信を失わせる可能性があり、高い数字は自己陶酔を引き起こす可能性がある。

3　数字は、特にソーシャルメディアでは、依存性をもつ場合がある。ときどき解毒するのを忘れないこと。

4　経験は主観的なものだと肝に銘じること。2つのマラソン、2つの休暇、2つの食事を、比較することはできない。

5　自分の人格を数字に支配させてはいけない。自分を、あるべき姿、なりたい姿から遠ざけるような種類の数字を、画面から消去すること。

読者のみなさんがこれらのヒントに従い、数字が何を主張しようと自分は自分らしくいることが、少しでも容易になればと思う。

第4章 数字と実績

「自己定量化」ムーブメント

2010年12月、ベンチャー投資家で健康おたくで作家のティモシー・フェリスは、満面の笑みを浮かべながら誇らしげに、新著『*The 4-Hour Body*（4時間の体）』を紹介した。副題をそのまま信じるなら、この本は「短期間で脂肪を落とし、とてつもないセックスを楽しみ、スーパーマンになるための、すばらしいガイド」だ。この本はまたたく間に『ニューヨーク・タイムズ』紙のベストセラー・ランキングを駆け上り、人生に磨きをかけるための新しいヒントと方法でセルフトラッキング・マニアの新世代を元気付けた。フェリスは読者に、自分の体重、健康、睡眠パターン、その他いろいろな項目を細かく計測して監視することによって、成績を上げ、フェリス自身と同じように少しずつスーパーマンになっていく方法を伝授している。助言の項目には、2時間だけの睡眠で過ごし、(女性なら)絶頂感を15分間維持し、体脂肪減少を300%増やし、テストステロンのレベルを3倍にし、永続的な怪我を回復させるなどの方法が並んでいる。

ティモシー・フェリスは、ポッドキャストと著書、さらにウーバー、フェイスブック、ショッピファイ、アリババのコンサルティングによって大金持ちになった人物で、セルフモニタリングを熱心に実践し、「自己定量化」の支持者でもある。フェリスは睡眠中の自分の心臓波を計測しているだけでなく、体内のブドウ糖レベルに関するデータをリアルタイムで得るために、胃の中に血糖値測定器を埋め込んだ。大腿部の生体検査で酵素と筋線維も測定した。彼がこれまでに用いてきた数多くのアプリ、センサー、監視装置を知れば、NASAでさえ技術的に時代遅れだと思えてしまうほどだ。

ティモシー・フェリス自身はこのすべてを科学的な自己実験と呼んでいる一方で、周囲の人たちはおそらく本人がひとりで深く考え込んでいるだけ、あるいは自分のことばかりに夢中になっているだけだとみなしているかもしれない。だが、フェリスが孤独だと思ったら大間違いだ。調査によれば、全体のほぼ半数の人々が自分自身に関する健康データをひとつ以上確認できるよう登録しており、フィットビット、アップルウォッチをはじめ、各種センサーの売上は急増している。そして「自己定量化」ムーブメントのメンバーは今や34の国々に広がり、各地に100を超える支部がある。最大のグループが存在するのは、サンフランシスコ、ニューヨーク、ロンドン、ボストンだ。この動きには「赤ちゃん定量化」という支流まで生まれており、そのメンバーは各種センサーおよびソフトウェアを利用して、自分の赤ちゃんの毎日の活動と健康に関するデータを集めている。

いったいどうして、こうなったのだろうか？

知っての通り、私たち人間が数字と自分自身のデータに魅了される現象は、新しいものではない。自分を定量化したい気持ちも同じだ。ピタゴラス学派の人たちは、2600年以上前からやっていた。私たちはきっと時間がはじまった瞬間からずっと、自分自身に関する数字を知りたい気持ちにかられてきたのだろう。たとえば、ベンジャミン・フランクリンがもし今も生きていたなら、毎日の暮らしを伝える熱心なブロガーになって何十万人ものフォロワーを誇り、自分のポッドキャストもはじめていたにちがいない。「アメリカ建国の父」に名を連ねていただけでなく、ミュージシャンで作家、さらに避雷針をはじめとした数多くの発明品を誇る発明家だったフランクリンは、驚くほど詳細な日記をつけており、そこには自分自身や身の回りに関する数字がぎっしり書き込まれていた。彼はその日記と数字を土台として内省と自己鍛錬に励み、13の徳目をいつも念頭に置いて、それに毎日従い、自らの行動を振り返った。「自己定量化」ムーブメントはベンジャミン・フランクリンを先駆者とみなしており、自己定量化に熱心に励む人のウェブサイトでは、毎日の時間を行事や仕事に振り分けて生産性を上げる方法について、フランクリンの言葉がよく引用されている。また、ひとりの人間として発達して向上していくためには自分自身に関する完全な知識が重要だと強調したミシェル・フーコーらの哲学者も、自己定量化という流れの背後にある思想的枠組みの一部だと考えられる。

計測することで意欲が失われ、ひどい結果を招く

スマートウォッチ、スマートフォン、無数の記録用アプリが手に入る今の世の中では、ベンジャミン・フランクリンが夢に見るしかなかった自己定量化の機会が誰にでもある。自分自身に関するデータを記録することが日常的になり、それをテーマにした本とウェブ

サイトも、アプリも、無数にある。私たちは、より細く、より健康に、より幸せになるために、より速く走り、より高い実績を上げられるように、自分自身の記録をとって監視するわけだ。セルフモニタリングによって運動能力を向上させ、脂肪を減らせると考えている人は、アメリカ人全体の40%を超えている。

そこでごく自然に疑問がわいてくる。実際に効果はあるのだろうか？　自分自身についての数字をこうして継続的に監視していれば、ほんとうに、より細く、より健康に、より幸せになれるのだろうか？

研究の結果はまちまちのようだ。スマートウォッチ、歩数計、その他さまざまな健康データの記録が及ぼす効果を調べた（少ししかない）対照研究では、その人の健康と成績に対する有意なプラスの影響が見られたものの、比較的弱いものにすぎない——減量に関しても、また運動の頻度、強度、成績についても、影響は小さいということだ。フィットビット、アップルウォッチ、その他自分自身の健康や成績を監視できる方法を用いれば、少しだけ速く走れ、少しだけ多く体重を減らし、少しだけ成績が上がる。だが、あくまでも「少し」なのだ。一方で、人によって比較的大きな個人差がある。一部の人には効果があるが、一部の人には効果がない。また、そうした効果は比較的短期間しか続かず、一時的なものにすぎないという傾向がある。

どうしてそうなるのだろうか？

デューク大学の研究者ジョーダン・エトキンは、自己定量化、成績、意欲に関する一連の興味深い研究を行なってきた。ある実験では、参加者にエクササイズや読書といった前向きになれる活動をしてもらった。そしてそのうちの半数には、それぞれの成果（歩いた距離や読み終えたページ数）を数字で伝え、残りの半数には何も伝えなかった。最後に参加者の成績と意欲のレベル、そして幸福度を計測し、さらに実験が終わった後も参加者がその活動を続けたいと思うかどうかも調べた。では、どんなことがわかったのだろうか？

　他の多くの実験と同じように、自分自身の行動を監視して数値化するというこのやり方をすると、わずかに実績が上がった。自分の成果がわかる数字を知らされていた参加者は、少しだけ速く、少しだけ長く歩き、少しだけ多くのページを読んだ。ところが意欲は薄れていき、実験が終わった後も活動を続けたい人は減ってしまった。自己定量化をしていると、時がたつにつれて好きだと思う気持ちが弱まり、その活動を行なう時間が短くなっていく。また、自分の成績を記録していた人たちの満足度と幸福度は、まったく同じ活動をして計測と数値化をしなかった人たちより低かった。その結果は、エトキンが参加者に自己定量化を強制的に指示した場合も、参加者が自発的に自己定量化を選んだ場合も、同じだった。

そうなる理由を考えてみよう。計測していると、私たちは自分が計測していることに、より大きな注意を向けるようになる。歩数を数えているなら歩数が気になる。ページ数を数えているなら何ページ読んだかを確かめる。そして自分ではもっと遠くまで、あるいはもっと速く歩きたいと意識しなくても、調査の結果からは計測によって成績があがることがわかっている。ジョギング中に心拍数、速度、距離を計測していると、最初にジョギングをしたいと思った理由よりも、少しずつそれらの数字に注目するようになっていく。計測値および外発的動機付けに注目が移っていくために、かつては前向きな楽しい活動としてはじめたのに、楽しさより役に立つからという気持ちが強まる。新鮮な空気を吸い、好きな音楽を聴きながら自然を体で感じるのが好きでジョギングをはじめた人も、フィットビットやストラバにつながったとたん、その内発的動機付けは少しずつ実績、効果、外発的動機付けに置き換わってしまう。

子どもを対象とした愉快な同様の研究も、この結果を裏付けている。たとえば未就学児に、ニンジンを食べると数を数えるのが上手になるからニンジンを食べなければいけないと言うと、他の子どもよりニンジンを食べる量が減り、味もまずいと思ってしまう。子どもが絵を描いたからと、ご褒美を与えると、その子どもはまもなく絵を描くのに飽きてしまう。内発的動機付けではなく外発的動機付けに基づいた活動は、魅力に欠け、楽しみも薄れる。ニンジンを食べるのは退屈、ジョギングは課題、本を読むのは努力に変わってしまうのだ。

自己定量化の結果がひどいことになる生きた証拠として、ノルウェーのトルビョルン・ホストマーク・ボルゲの場合を見てみよう。ボルゲは運動が大好きで、少しずつ活動量計とストラバを使うようになっていった。今ではそのことを心から後悔しており、2020年9月のノルウェーの新聞『ベルゲンズ・ティーデンデ』紙に、次のように語った。「歩数計のスイッチを入れるたびに、自分が躁状態になることに気づきました。常に新しい目標を達成しなければならない気持ちになるのです。それは毎日プレッシャーとなって頭から離れなくなり、私のエネルギーと集中力を使い果たしてしまいます」。やがて彼はストラバ依存のせいで1日の歩数が4万歩を超えないと気がすまなくなり、結果として横紋筋融解症（筋細胞の大量壊死）になった。「1日に最低でも2万歩というところからはじまり、突然、3万5000歩以下では我慢できなくなりました。そして同じように4万歩になったわけです」。ボルゲが感じていた運動の楽しさも、彼の肉体も、外発的動機付けと計数によって破壊されてしまった。

私たち人間はよく外発的動機付けを利用して、他の人の実績を高めようとする。親は子どもに褒美としてアイスクリームとチョコレートを与え、会社は給料とボーナスで社員にやる気を出させる。このやり方は、少なくとも短期間なら、ときには効果を発揮することもある。ところがすでに見てきたように、外発的動機付けは私たちの心の中の動機付けを、あっという間に使い尽くしてしまうのだ。自分が大好きなことをやっても、金銭を受け取っていると、まもなく負担を感じるようになる。

　エトキンの研究は、金銭と意欲をテーマとしたあらゆる研究を思わせる。ただしここでは、外発的動機付けの要因は金銭ではなく、歩数、「いいね」の数、閲覧数などになる。金銭をもらうと、やる気が起きてもすぐその活動が面倒になってしまうのは、時がたつにつれて自分の努力が心の中の意欲ではなく、報酬と結びつくようになるからだ。同じように、自分自身について数を数えるようになると――平均歩行速度、歩数、「いいね」の数、ボーナスポイントのどれであっても――少しずつ自分の心の中から意欲が消えてしまうことがある。

あなたの体のデータは誰のもの？

医師、土木技師、会計監査官、あるいは自分の健康データや運動の成果をどうしても記録しておきたいという、ごく一般的な気持ちをもっている人なら、前の項は悲観的に考えすぎで、あえて暗い側面を描いているだけだと思うかもしれない。たしかに、あちこちで記録をとるのは、けっして悪いことではないように思えるだろう。それぞれがフィットビットをきちんと使いこなしているし、ジョギングしながら笑顔を見せている。そして実際、自分のデータに満足している。

それに、記録している数字はたしかに健康のために有意義だ。体重超過や高血圧が気になるなら、体に関するいくつかの数字とデータの流れに注目すれば役に立つ。そしてもし糖尿病のような疾患を抱えているなら、血糖値の記録をつけるのはとても重要で、今では小型の皮下センサーで効果的に計測できる。自分の体と健康に関するデータと数字を把握するのは、一部の人たちにとっては非常に有益で、必要な場合さえある。それはスタンフォード大学のメディシンXプロジェクトで語られている、ヒューゴ・キャンポスの次のような物語でよくわかるだろう。

ヒューゴ・キャンポスは生まれてからずっと心臓に違和感を抱えていた。いつも動悸が気になり、ときには脈が飛ぶこともあった。でも、「きっとコーヒーの飲みすぎだろう」と思っていた。さもなければ睡眠時間が足りなかったせいかもしれない。ところが2004年のある朝、彼は地下鉄に乗ろうと走っていたときに吐き気を催し、失神してしまった。さまざまな検査をしたスタンフォード大学の医師たちが下した結論は、肥大型心筋症だった。心室の壁が厚くなっていく、深刻な病気だ。その3年後の2007年には心臓の鼓動を監視するために除細動器を埋め込む外科手術が行なわれた。除細動器が検出したすべてのデータが製造元のメドトロニックに送られ、さらに担当の医師に転送される。生まれてからずっと不規則な鼓動を気にかけながら生きてきたキャンポスは、それからは体内にある除細動器が得たデータを把握できるのを楽しみにしながら暮らした。だが2012年、キャンポスは健康保険の加入資格を失ってしまう。その後は医師と接触できず、自分自身のデータも目にできなくなったために、自分の手で何とかしようと思いはじめた。イーベイで除細動器を再プログラムできる装置を見つけ、自分で自分の除細動器に侵入することも考えた。実験をするため、また自分の体内にある除細動器についてもっと詳しく知るために、火葬前に死体から取り出した中古の除細動器を販売する葬儀場にも足を運んだ。だが、このような試みは難しいことも明らかになった。2011年に起きたある出来事の後、除細動器のメーカー各社がデータの機密保護に神経をとがらせるようになったためだった。その年、会議で登壇した研究者たちがリアルタイムでどこかの除細動器に侵入し、その場で遠隔から制御するという事態が起きたのだ。

ヒューゴ・キャンポスは2007年からずっと、患者自身が自らの健康データにアクセスできるよう、規制および技術系企業の慣行を変更してほしいと訴え続けていた。それなのに手術から15年たった2022年になってもまだ、自分の体内にある3万ドルの除細動器が自分の心臓と体について収集してクラウドサービスに転送しているデータに、自分でアクセスすることはできなかった。

キャンポスは、体内の除細動器からのデータフローにアクセスできさえすれば、そのデータをフィットビットからのデータフローや、暮らしの異なる場面での多様な活動と、簡単に結びつけられるはずだと考えている。たとえば、コーヒー、アルコール、薬、さまざまな運動によって、心臓の鼓動がどんな影響を受けるかもわかるだろう。キャンポスはまた、医師たちより自分のほうがこれを利用して試してみるのに適した立場にいるとも考えている。何しろ医師たちはこの病気を時折見かけるだけで、毎日それを抱えて生きているわけではないのだ。糖尿病など、監視が必要なその他の疾患をもつ患者たちと同様、キャンポスは自分自身の健康データへのアクセスは権利であり、原則として重要なものだと確信している。

ここには大きな矛盾がある。私たちは自分の体と健康に関する大量の数字にアクセスすることができ、それらはたぶん私たちの実績を少しだけ向上させるが、時がたつにつれて、たいていは意欲と楽しさを台無しにしてしまう。一方で、最も重要な数字、キャンポスのような人々にとって生活の質と対処法を大幅に向上させる可能性をもつ数字は、製薬会社と技術系企業の所有物になっているのが現状だ。

数字によって人々を監視・管理する「ビッグ・ブラザー」

自分の健康データを実際に所有して利用できるのは誰なのか、考えてみたことはあるだろうか。2019年にグーグルがフィットビットを21億ドルで買収すると発表した後、一部のIT専門家と一般の消費者は、もっているフィットビットを使うのをやめた。自分の睡眠パターン、エクササイズ、健康に関するデータを、グーグルに利用されたくなかったからだ。グーグルはもう私たちについて十分に知っていると、その人たちは考えた。それから少しずつ健康データの大型買収に懐疑的な意見が強まっていき、2020年8月に欧州委員会はその買収について、またグーグルによる健康データへのアクセスについて、本

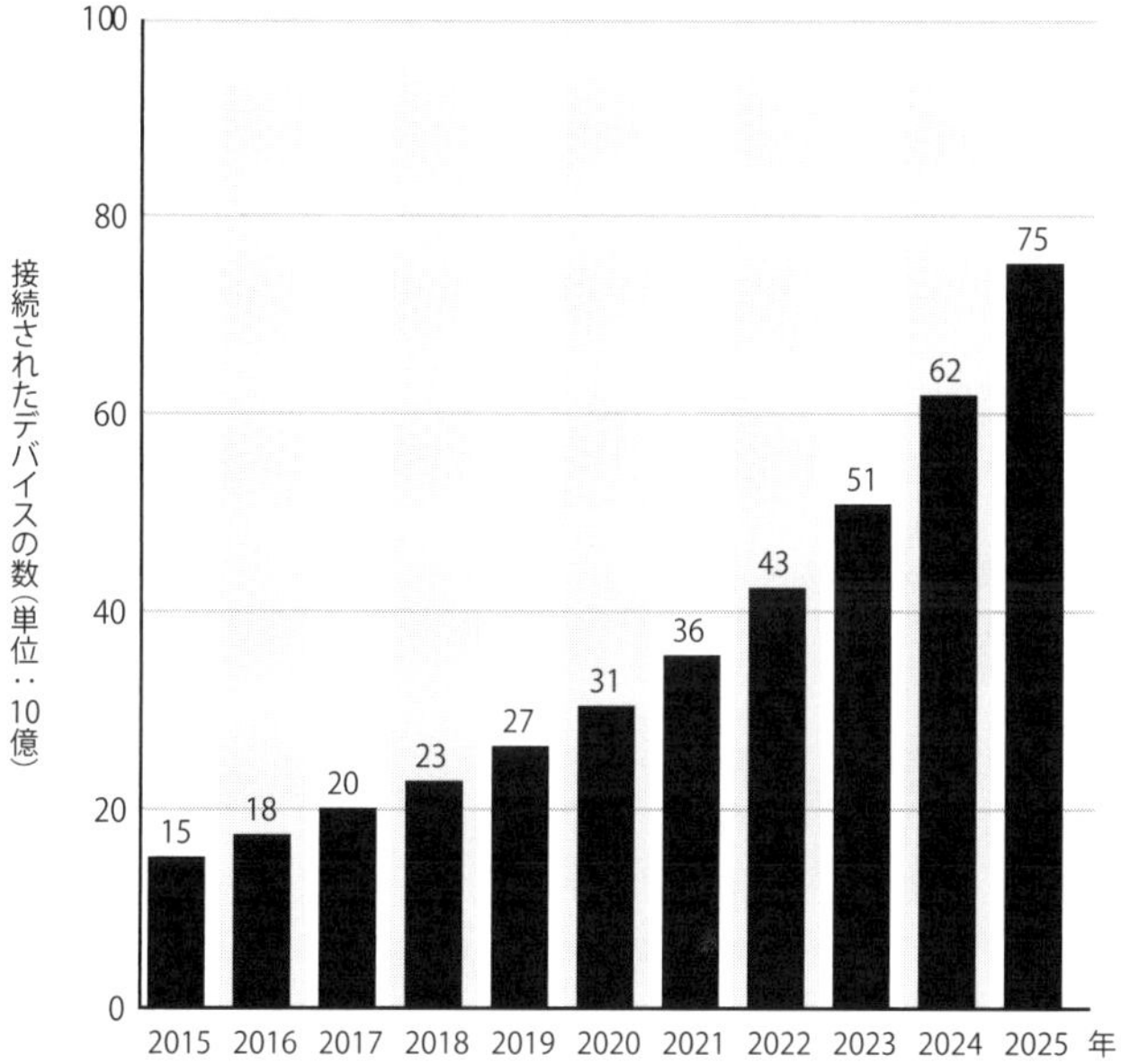

格的な再調査を実施すると発表した。フィットビットは1億個の機器を販売して2800万人のアクティブユーザーをもち、大量のジョギングセッション、心拍数、位置に関するデータを蓄積している。グーグルは、フィットビットの買収と人工知能（AI）の利用強化を通して人々に自分についてのよりよいデータをより多く提供できるようになれば、みんながもっと多くを学び、自己認識を高め、暮らしをよりよいものにできると主張する。これが未来の姿だ。体の外にも中にも、電話にも、ベッドにも、職場にも、家庭にも、

車にも、さらに多くのセンサーが配置されるおかげで、私たちみんなが実績を（少しだけ）向上させることができる。

　数字、計測、比較を用いると、よりよく、より速く、より効果的になると考えるのは、個人的なレベルの話だけではない。このような考えは、企業の報酬制度や主要指標から、学校の評点方式、保育の標準化と計測、医療の内部価格体系まで、あらゆるところに浸透している。そして誰もが数字は正確で、普遍的で、永遠で、比較可能だと考えているので、数字に基づいた決定とシステムは客観的で明白だとみなされる。もちろん、そんなことはない――そのような考えは無意味だ――が、数字に代わるものは明らかに数字よりも劣る。数字の代わりに、何を計測すればいいというのだろうか。

　興味深いことに、スウェーデンやノルウェーなどの国の人々は、数値と計測によって実績が上がるという点については、その力をあまり信じていないようだ。スウェーデンとノルウェーでは、市民同士にも市民と公共部門の間にも相手に対する強い信頼がある。そのような国では信頼度が低い国より、公共システムと政治の場面で数字が果たす役割は低い。それに対してアメリカでは、１９６０年代から公共部門に対する根強い不信の文化が生まれている。その結果は？　学校から警察までのあらゆる場所で、主観的な評価と経験に基づいた決定の代わりに、数字と計測システムが重視されるようになった。何ごとにも融通

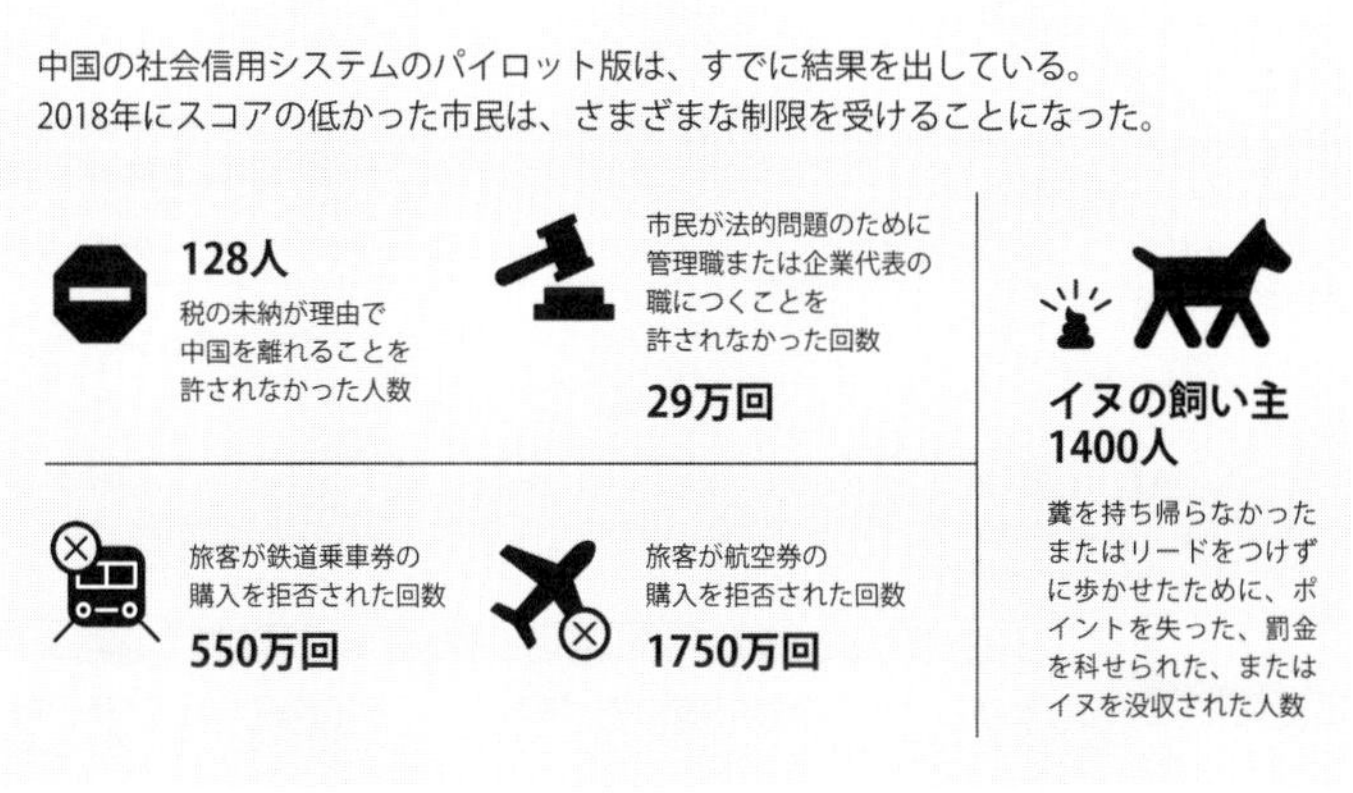
中国の社会信用システムのパイロット版は、すでに結果を出している。
2018年にスコアの低かった市民は、さまざまな制限を受けることになった。
128人
税の未納が理由で中国を離れることを許されなかった人数
市民が法的問題のために管理職または企業代表の職につくことを許されなかった回数
29万回
イヌの飼い主
1400人
糞を持ち帰らなかったまたはリードをつけずに歩かせたために、ポイントを失った、罰金を科せられた、またはイヌを没収された人数
旅客が鉄道乗車券の購入を拒否された回数
550万回
旅客が航空券の購入を拒否された回数
1750万回
出典：Visualcapitalist.com

がきかなくなり、必ずしも効果的な方法とは言えない。コンピューターがノーと言っている。

だが一党独裁政治の国家でさえ、実績を高める数字の力に寄せる信頼は厚い。中国の「社会信用システム」は、おそらく最も極端な例だろう。このシステムは２０２０年に導入されたもので、一連のデータベースと監視システムを用いて個人、企業、組織が「信用」できるかどうかを評価する。個人一人ひとりにもスコアがつけられ、スコアが高い人は優遇される一方、低い人にはさまざまな罰則が適用される。スコアが低ければ教育や旅行に制限がかけられ、ブロードバンドの速度が落ち、ローンの利率が高くなる、といった具合だ。中国の李克強前首相は２０１８年の演説で、「信用を失った人「つ

まり、スコアが低い人」は、社会でわずかな一歩を進むにも困難に直面するだろう」と説明している。ここで市民に実績を上げさせるための「ニンジン」として利用されているのは、スコアが高い場合に得られるさまざまな利益だ。具体的には、ヘルスケアの優先的利用、減税、金融や信用面での優遇などがある。データとして、犯罪、公共機関、経済関連などの古くからある記録に加え、オンライン・クレジットのサプライヤーをはじめとしたサードパーティーが提供する数字も用いられる。中国当局はさらに、ビデオとインターネット・モニタリングを介した自動的なデータ収集も実験的に進めている。

実績向上を実現できる一方で規律を保てるとして数字と計測に信頼を寄せる考え方は、こうしてアメリカ、ノルウェー、中国をはじめ、ほとんどの文化で中心的なものとなっている。おそらくアマゾン川流域で暮らすムンドゥルクの人々とピラハの人々を除いて、世界中の人と社会が数字という伝染病にかかり、数字を用いれば監視し、刺激し、意欲を高め、実績を上げられると信じているのだ。

計測や定量化の重大な副作用

社会、企業、組織が機能していくためには計測と定量化が必須だという考えは、よく理解できるものだ。ただここで、「それが役に立たなくなるのはいつなのか」という、興味深い疑問がわいてくる。数字が実績を向上させる存在から実績を低下させる方向に変わるのは、いつなのだろうか？

何人かの研究者がこのことに目を向けはじめており、その一部は企業による計測システムとボーナスの利用に注目している。そうした研究によれば、金銭的なボーナスはあまり大きいとは言えない短期的な効果しか上げず、実際のところ、ボーナスは目的を妨げている可能性もある。それらの研究の結果は、ジョーダン・エトキンの自己定量化の研究とよく似ており、（ボーナスという形式の）外発的動機付けは、時を経るにつれて内発的動機付けを弱め、ボーナスの目的――と効果――を台無しにしてしまう可能性があるということだ。

計測と定量化がもつその他の――何と言うのが正しいかはわからないが、あえて言うなら――「予期せぬ副作用」をいくつか挙げていくのは、それほど難しいことではない。自分自身を自主的に計測して監視する場合にも、他者によって定量化され計測される場合にも、同じように当てはまる。まずエトキンは簡潔に、自己定量化は実績を短期間だけ伸ばす場合があるとしても、計測によってやる気と意志がまたたく間に薄れていく可能性があることを指摘した。またもうひとつの明確な副作用として、過度に自己執着的になり、場合によっては自己陶酔と言えるほどになる場合もある。この章の冒頭に登場したティモシー・フェリスは、その好例だろう。

３つ目の予期せぬ副作用は、計測が可能なものに自分の行動を合わせてしまうことだ。たとえば、自分がもっているアプリが特定のエクササイズについてはカロリーや歩数をカウントできないと、ただそのエクササイズをやらずにすませてしまう。さもなければ、計算の結果が間違ったものや不完全なものになるだろう。これは企業や組織ではよく知られた問題で、中でも報酬制度と主要指標についてはそう言える。従業員は自主的に、計測されて報酬の対象となるものを優先させて行動し、その他の、たいていの場合はとても重要な任務については、優先順位を低くしてしまう。関連する副作用として、計測は不正行為と自己欺瞞を引き起こすこともある。たとえば、アプリでカウントされる歩数を増やすためにスマートフォンを手で振ったり、カロリーを計算するときにケチャップを野菜としてカウントしたりと、あらゆる場面が考えられるだろう。ケチャップはどっちみち、ほとんどトマトでできているというわけだ。

計測によるとても一般的な、また別の副作用は、数字の間違いや不正確さを疑うべきときにも数字に頼ってしまうことだ。その結果、実績を伸ばすはずのものが、まったく反対になる。たとえば、使用している睡眠アプリの数値が睡眠不足を示していると、疲労感が増し、日中の気分が悪化してしまう――アプリの数値に誤りがあり、実際にはぐっすり眠っていたとしても関係ない。

計測が引き起こす可能性のある意図せざる副作用として、自分が選んで計測している点について、結果を少しでもよくしようと夢中になりすぎることがあげられる。もし自分の体重とカロリー摂取量をチェックしているなら、過剰なダイエットのリスクがあるだけでなく、人生の喜びがカロリーとともに消えていくという残念な可能性もある。

では、こうしたことすべてから、どんな数字ワクチンのアドバイスを見出すことができるだろうか？

1　一流アスリート、または健康上の理由がある場合を除いて、ときには計測機器を手放すこと。

2　朝食では内発的動機付けを外発的動機付けより優先させるのを忘れないこと。痩せるためにニンジンを食べると、おいしさが半減する。

3　計測することによって意欲が低下し、自己欺瞞に陥ることがある。自分の気持ちに正直になること。

4　ヒューゴ・キャンポスと除細動器の話を忘れないこと。自分の数字は自分自身のものだ。見返りとして何を得るかを知らないまま、フィットビット、グーグル、その他の企業に数字を渡さないこと。

5　数字と計測には予期しない大きな副作用があるのを忘れないこと。

自分がすること、また自分がすることに対して数字がすることは、これですべてではない。数字が影響を及ぼすのは、意欲と実績だけではないからだ。数字は、経験の内容と学習の内容にも影響を及ぼす。

第5章 数字と経験

評価が経験の質を落とす

何年か前、私はマイアミビーチで開催された大規模なＩＴ会議で締めくくりの講演を依頼されていた。開催場所は私の自腹では決して利用できないような高級ホテルだったが、会議に招かれていたために、家族とともに前の週から無料で滞在することができた。まるで天にも昇る心地だった。そのホテルには、歴史、有名人の宿泊客、すばらしい雰囲気、見事な環境と、すべてが揃っていた！　家に帰ったら親戚や友人たちに話すのを、とても楽しみにしていたのを覚えている。

ところが、チェックアウトをすませて空港行きの乗り物を待っているとスマートフォンの着信音が鳴り、「当ホテルでのご滞在を評価してください」というメッセージが届いた。部屋から食事、サービス、設備の清潔さ、音の大きさ、環境まで、あらゆることを1から10までの数字で採点するようにという依頼だった。滞在は申し分なく感じていたのだが、プールサイドのヤシの木から海風に吹かれて落ちた大きな葉があちこちに散らばっていたのを思い出し、清潔さには7をつけざるを得なかった。同じことが音の大きさにも言え、夕方になるとはじまる生演奏が大きく響きすぎていたように思えた。そうやってすべての採点を終えてみると、最終的に私が下した評価の中央値は10のうちの8になっていた。

結果をまとめるとそういうことになった。すばらしいと感じていたホテルでの滞在を要約してみたら8になり、なんだか急に、それほどすばらしいものではないように思えてきたのだ。帰宅して周囲の人たちから会議はどうだったかと尋ねられたときには、快適だったと答えた。「8のホテルに滞在したんだ」。経験したすべてに有頂天になったという会話にはならなかった。結局のところ、8はそこまでの数字ではない。評価が、文字通り、私の経験の質を落としていた。みんなに話をするのを楽しみにしていた状態、そのすばらしさをすっかり説明するのは難しいと感じていたほどの状態（おそらく身振り手振りも加えなければ追いつかなかった状態）から、たった1個のわびしい数字に切り詰められてしまったのだ。

（ミカエル）

なぜ、そんなことになったのだろうか？

それが数字の働きだからだ。数字はものごとを要約し、切り詰める。数字は繊細で豊かなものすべてを、単純で正確なものに変える。経験は多様だが、数字は正確だ（数字には独自のニューロンまである）。

私たちの経験は山ほどの異なる印象から成り立ち、印象には複数の感覚が関わっている——私たちは、感じて、聞いて、見て、嗅いで、味わう。こうしたすべての印象の組み合わせが、経験をユニークなものにするわけだ。だからこそ、経験はすばらしいものになる。ところがそのために、経験を解釈して説明するのが、自分自身に対してさえ難しくなってしまうこともある。そのうえ私たちの経験は、想像できるあらゆるものに影響される可能性がある。自分で経験するはずだと思っていることにかぎらない。たとえば痛みについて考えてみよう。それは楽しい経験とは言えないが、経験には違いない。私たちが痛みを感じられるのは、自分で痛いと信じるからなのだろうか。それについては、25年前に起きた興味深い事例がある。ある建設作業員が誤って落下したとき、なんとか両足で着地できる体勢にもっていったのだが、折あしく足をついた場所には板があり、そこから長さ15センチメートルの釘が上を向いて突き出していた。釘が作業員の靴を突き通すと、彼は悲痛な叫び声をあげた。痛みがあまりにも激しかったために、医師はモルヒネの１００倍強力な（そして危険な）鎮痛剤のフェンタニルを用いるしか方法がなかった。ところが、苦心の末にようやく作業員の靴を脱がせてみると、釘はちょうど2本の指の間を通っていたことがわかり、それならば基本的に痛みは感じていないはずだった。これはあまりにも稀な事例だったので、イギリスの医学誌『ブリティッシュ・メディカル・ジャーナル』に詳しく記載されている。

その反対もあり得る。単にすべてが順調に進んでいると思い込めば、本来感じるはずの痛みより、かなり小さい痛みですんでしまうことがある。私たちの経験は個人的なものであるだけでなく、周囲の状況、自分の感じ方、信じているもの、見ているもの、その他の考えられる状況すべてによって影響を受ける。

こうしたことも、治療の対象になった患者が独自の主観的痛みを訴える理由のひとつだ。

主観的な痛みは、本人が言葉（言語スコアリング）または数字（数値スコアリング）を用いて表現することができ、そこにも興味深い一面がある。痛みを分類する2つの方法を比較したいくつかの調査によると、どの調査でも共通した2つの結論が導かれたのだ。第一に、2つのスコアリング方法の結果はあまり一致しない。たとえば、AさんはBさんより痛みに対して強い言葉を用いるのに対して、BさんはAさんより大きい数字で表現する。第二に、言葉を用いて採点すると、数字を用いる場合よりばらつきが大きい。痛みを言葉で表現する場合は、最も弱い言葉から最も強い言葉までいくつもの異なるカテゴリーに広がるが、数字を用いた回答の大半は、指定できる段階の中央に近い数個の数字に集中してしまう。

採点される暮らし

数字はこうして、ミカエルがホテル滞在で感じたのとまったく同じ影響を痛みに対しても及ぼしている。数字は経験を小さくまとめる。もちろん痛みの場合なら経験を小さくすればよい面もあるだろうが、問題は、数字が私たちの医療経験と病状にまで影響を及ぼす点だ。

もっと悪いことに、少なくとも映画を見るのが好きな人の場合、数字は私たちの映画体験まで小さくまとめてしまう。1本の映画は1時間から2時間の間に、笑い、緊張、驚き、そしておそらく涙と、じつに多くのものをもたらしてくれるわけだが、見終わった後にその映画を評価すると、こうした印象のすべてが（ほとんどの場合は）1から5までの小さなひとつの数字にまとめられることになる。そして残念なことに、映画に数字を当てはめる回数が多くなっていけばいくほど、時間とともにその数字は低くなっていく。アメリカの研究者たちがネットフリックスの数十万件にのぼる映画評価を分析し、そのパターンを見つけた。同じ人が新しい映画を採点していくたびに、高い数字を選ぶ確率がわずかずつ下がっていくのだ。痛みの数字の場合と同様、指定できる段階の中央近くに集まりはじめる。

さらに悪いことに、数字は私たちの幸福な経験まで小さくまとめてしまう。ミカエルが1000人の人たちに頼んで数週間にわたって仕事、自由時間、健康、人間関係といった暮らしのさまざまな領域について感じた幸福の度合いを採点してもらったとき、そのことを発見した。2週目、3週目と時間が過ぎるにつれて、参加者が暮らしのすべての領域で感じた幸福の度合いは、平均して下がっていく。

数字はあらゆる経験の中から豊かでユニークな部分を奪い去り、どれもが正確で、比較できるものだと思わせてしまう。私たちは個々の経験を比較すればするほど（そのたびに、ほとんどの場合はまったく無意識のうちに採点すると）、どの経験も特別なものとして目立つことが難しくなり、高得点が減っていく。そんなふうに私たちの基準点は少しずつ移動していき、1年前にはたしか4だった楽しい経験も、今では3にしかならない。そして数字は正確だから、数字の3は明らかに数字の4よりも低く、楽しい経験も最後にはちっとも楽しく感じられなくなってしまうこともある。

好奇心に導かれて自分自身の経験を楽しんできた人も、数字に出会うとプロのご意見番へと変身してしまう。正確な数字という形式で真実を手にして、いつでも、どんなものでも、比較できるようになったからだ。そしてあらゆるものの採点を頼まれるたびに、数字が次から次へと別の経験に忍び込んでいって、プロのご意見番の勢力範囲も拡大していく。何しろ、ホテルや映画だけでなく、レストラン、人間ドック、講義（傷ついた講師として、その特別なトラウマを後で取り上げる）からトイレまで、とにかくなんでも採点するのが今の風潮になっている。

さらに、そのようにして心に住み着いたプロのご意見番は自分自身の経験を支配するだけではすまない。それは他の人たちの経験まで掌握することになる。ホテル、映画、トイレをはじめ、私たちがあらゆるものを採点した結果は、いつのまにか中央値を表わす数字に組み込まれ、他の人たちの目にも入るようになるからだ——「このホテルは、他の宿泊客から3・7の評価をもらっている」。でも、その評価は自分自身で採点する場合とほんとうに同じなのだろうか。何と言ってもその数字は他人の経験に基づくもので、自分自身の経験ではないのだ。

残念ながら、答えはイエスだ。私たちは数百人の人たちに新製品の板チョコを試食してもらい、この点を調査したことがある。スウェーデンの大手チョコレートメーカーが新しい味の板チョコを発売しようとしていたので、参加者にはその製品をはじめて味わってもらうことができた。まず参加者を半分に分け、実際にチョコレートを味わう前に、半数には他の人たちの評価の平均が10点のうちの5点に満たない低い値だと知らせ、残る半数には他の人たちの評価の平均値は5点よりずっと高いと知らせておいた。それを聞いた後、参加者は実際に自分でチョコレートを味わって採点した。すると、最初のグループがつけた点数は、2番目のグループよりかなり低いものになった。また参加者に食べた感想を聞くと、低い点をつけた人は「まあまあ」や「ごく普通」といった中途半端な言葉を用いて味を表現した。一方、2番目のグループの場合は、「ほんとうにおいしい」や「すごい」などの言葉を使うことがかなり多くなった。全員が同じ板チョコを試食したのに、実際に味わう前に知った数字によって、まったく異なる経験をすることになったわけだ。

では、それは逆でも言えることだろうか？　すでに味わって自分なりの感じ方をしたのに、その後で他の人の数字の影響を受け、思いなおすことはあるのだろうか。

それもチョコレートを使って試してみた。１００人に同じ新製品の板チョコを味わってもらい、その試食が終わった後で、半数には他の人たちの評価は平均で5より低かったと伝え、残りの半数には他の人たちの評価が平均で5より高かったと伝えたのだ。結果は前の場合と同じだった——低い数字を見た人たちは自分でも低めの数字を選んで、中途半端な言葉を用いて味を表現し、高い数字を見た人たちは自分でも高めの数字を選んで、より熱のこもった言葉を使って表現した。

数字はあまりにも明確なために、私たちは何かを身をもって経験した後でさえ、その影響を受けて自分の経験の印象を見なおしてしまう。

気味の悪い「いいね」の影響

これで、私たちがインスタグラムに投稿するパーティー、旅行、夕食などの写真の「いいね」の数に、とても敏感な理由を説明できると思う。けれども写真の下に表示される数字は、その経験が実際にどれだけ「いい」ものだったのかを、私たちに知らせてくれるのだろうか？　ほとんどの人は、自分では貴重な経験だと思ったことの写真を投稿した後で、思っていたよりずっと少ない「いいね」しかつかず、それを見たときにひどくがっかりしたことがあるだろう。

私は実にすばらしいコンサートに行ってきた。最近になって知ったバンドで、ライブ演奏のうまさにも、満員のアリーナに集まった聴衆を巻き込んで生み出したパワフルな雰囲気にも、ほんとうに驚いた（私たちスウェーデン人が大観衆を集めたコンサートをすることは、あまり知られていない）。夜になって家に戻ると、私はさっそくコンサートの感想を検索した。自分が実際にその場にいて、それがどれだけすばらしかったかを知っていたのだから、その行動自体が少し奇妙なものではあった。ただ私はその晩の高揚感にもう少し浸り続け、コンサートについて読むことでその経験の余韻を楽しみたかったのだと思う。グーグルの検索で最初にヒットしたものをクリックすると、それは大手タブロイド紙の批評記事だった。意外だったのは、記事の冒頭にコンサートの採点が記され、それが1から5までのうちの3だったことだ。そして、演奏、選曲、その他あらゆる点についての不機嫌な批評家の感想にまったく同意できなかったにもかかわらず、私の頭から5段階の3という数字を払いのけることができなくなってしまった。そして気がつくと、たぶんそのコンサートは驚くほどのものではなかったのかもしれないと思いはじめていた。

（ミカエル）

インスタグラムに話を戻すことにしよう。私たちは約２０００人を対象に調査を実施し、各人が投稿した最新の写真を示してから、その写真の背景にある経験を数字と言葉で自己採点するようお願いした。そのうちの半数には、最初に投稿についた「いいね」の数を確認してもらい、残りの半数には、最後に「いいね」の数を確認してもらった。その結果は？参加者が自分の経験につけた点数は、どちらの場合も投稿が受け取った「いいね」の数に見合うもので、「いいね」の数が多ければ、点数も高かった。これは大半の人が心の奥底で、自分の投稿についた「いいね」の数が多いか少ないかを記憶していたからだと思う。ハートマークの大半は投稿から数時間以内にはつくので、投稿と「いいね」の記憶は連動しているのだろう。自分の経験と頭に入った数とを切り離すことが、ただ不可能なだけだ。さらにここで注目してほしいのは、参加者が最初に「いいね」の数を確認すると、そのつながりがさらに強まった点だ。その場合は「いいね」の数が多いと点数はより高くなり、参加者は自分の経験をより説得力のある、より前向きなものとして説明した。

「その場にいないとわからない、すてきな経験だったんだ」ですむような、単純な話ではないらしい。

それにしても、「いいね」の数が私たちの経験に影響を与えるのは、どうも奇妙で気味が悪い。「いいね」の数は、私たちが何を経験したかにまったく関係がないからだ。コンサートの場合は、自分も、文句ばかり言う批評家も、少なくとも同じコンサートに行っていた。レストランの平均評価の背後にいる大勢の匿名の人々も、とにかく同じ店に行ったことがあるか、同じ店の料理を食べたことがある。ところがインスタグラムの投稿への「いいね」は、その場にいなかった人、自分と同じ経験をしていない人、実際はどんなだったかまったく知らない人からもらう。それなのに、その数は自分の経験についての一種のテンプレートになってしまう。

さらに気味が悪いのは、自分が次に何を経験するか、それをどのように経験するかを選ぶ際に、その数の影響を受けるリスクがあるという点だ。自分のインスタグラムの画面を開いてチェックしてみてほしい。最初のころはおそらく、あらゆる種類のイベントと経験の写真を投稿していたはずだが、そのうちの一部がより多くの「いいね」を獲得することになる。その結果もしかしたら、いや、おそらく、投稿する写真がだんだんパターン化していき、過去により多くの「いいね」を獲得したものによく似た種類の写真を、より頻繁に投稿するようになっていくだろう。そうやって「いいね」の数が、人に話す価値のある経験を――たぶん再び経験する価値のあることとさえ――決めてしまうのだ。

同じように、レストランで料理を選びながら、どれだけおいしそうかではなく、インスタグラムに写真を投稿したらどれだけ「いいね」がつくかを考えている自分に気づいたことはないだろうか。そんなふうに行動している人は、私たちが思っているよりたくさんいて、店の人が薦める料理より（「結局のところ、店の人だって自分が何を好きかを知らないし、いつも同じものを薦めるように言われているだけかもしれないな」）、いっしょに行ったグループの誰かが薦める料理より（「一人ひとり、好みはちがうからね」）、その場にいない無名の人々からもらえるであろう「いいね」に基づいて、自分が食べる料理を選んでいる可能性がある。

「いいね」の数は、当然の成り行きとして、経験に伴うゴタゴタした個人的な要素をきれいに取り払ってしまう――じつはそういうものこそが、一人ひとりの経験を唯一無二のものにしているというのに。誰かが自分の経験を言葉で語れば、それはその人だけの経験、あるひとつの経験だと、簡単に思うことができる。ところがその人が言葉の代わりに数字を使うと、急に、それこそが最高の真実、最高の経験に見えてくる。

それはあまりにも不当な話で、数字がどれだけ当てにならないかについての本を書いている人物でさえ、何年か前に行なった講演について思い悩むほどだ。その講演は世界中に配信され、本人は10だと感じていたのだが、主催者が確認すると、参加者がつけた点数は平均で7だということがわかった。そこで、低い点数をつけて全体の平均を下げた参加者のコメントを調べてみたところ、そのほぼ全員が、動画と音声がうまく同期していなかったせいで点数を低くしていた。言い換えれば、低い点数は講演者の努力とはまったく無関係のようだった。では、そのような人たちが評価の平均点を下げると、なぜ問題なのだろうか。音声と動画についてのコメントを除外して考えればいいだけだが、数字はいつまでも残る。彼（本人の希望で名前を明かすのはやめにしておこう）は実際、今日に至るまで肩身の狭い思いをしており、人々がその点数を見て自分のことを「一流の講演者」ではなく、いかさま師だと思うのではないかと心配でたまらない（そして数字についての本を書いている今もまだ、その感覚は消えていない）。

私たちが自分自身の経験にさえ、他人の数字をテンプレートとして使用するのだとしたら、自分ではまだ経験のないことについて、数字に簡単に影響されないなどと言えるはずもない。たとえば、映画やレストランを選ぶ場合はどうだろう。

少し考えてみることにしよう。見たいと思っていた映画があったのに、不機嫌な映画評論家が低い点数をつけているのを知って、見るのをやめてしまった経験はないだろうか。

そんなときには評論家が書いた文章を読まなかったか、読んでもただ文句をつけているだけだと思ったかもしれないが（すでに確認してきた通り、採点を繰り返していると誰でもそうなるものだ）、やっぱり評価の点数を頭から振り払うことはできなかったにちがいない。あるいは、低い評価がたくさんついているレストランに行くのをやめた経験は？（「ウェイターにフランスワインの知識がまったくなかった」というコメントがついているとして、自分はフランスワインを飲まなくても、数字は数字の力をもっている！）

では、ホテルを選ぶ場合も考えてみよう。「口コミ」を読んで、部屋は素晴らしく、朝食もとてもおいしかったと書かれたホテルがいいのか。それとも、部屋はまあまあ、朝食も納得のいく範囲内と書かれたホテルがいいのか。その場合の選択はおそらく難しくないだろう。では、最初のホテルの点数が3で、もう一方のホテルの点数が5になっているのに気づいたとしたら？　そうなると、もう答えは定まらなくなる。

その場合はどうなるのか――私たちはそれを知ろうと、1000人の人たちにホテルの「口コミ」を読んでもらうことにした。ひとつ目の「口コミ」では、（架空の）投稿者が中途半端な言葉（朝食はまあまあ、部屋はごく無難、など）でホテルを評価しているが、点数は最高の5をつけている。ふたつ目では、投稿者がはっきりした表現（朝食はとてもおいしく、部屋は豪華、など）で誉めている一方、点数は3しかつけていない。こうして、

「口コミ」の言葉にはよい点とそうでもない点について豊富な情報が含まれていたのだが、平均すると評価5のホテルに泊まりたい人のほうが少し多いという結果になり、参加者が投稿の誉め言葉より数字のほうに強く影響されたことが明確になった。

低い数字がもつ抑止効果のせいで、相手を妨害するために意図的に低い点数をつけるという不愉快な現象が起きている。特に被害が拡大しやすいのは、レストラン、カフェ、ホテル、ブティックなどの小規模な事業者で、こうした業種では採点する顧客の数が比較的少ないため、新しく投稿される数字が平均点数に与える影響が大きくなるからだ。

一方、大企業も「低評価による業務妨害」の影響を免れず、業務を妨害するためにわざと低い点数をつけられることがある。マーベル・スタジオ製作の映画『ブラックパンサー』に映画評論サイトのロッテントマトで最低評価をする人を集める目的で作られたグループをフェイスブックが閉鎖したニュースは、新聞でもトップ記事として扱われた。そのグループの目的は、初の黒人スーパーヒーローが登場する映画を見に行く人を減らすことだった。ディズニーが製作した映画も同じように低評価による業務妨害を受けたことがあり、CNNのモバイルアプリには、ドナルド・トランプに関する否定的な記事を発表した後の24時間で何千もの評価1が集まった。またフロリダのリゾートホテル「ザ・ボカラトン」では、ある人気ユーチューバーが登録者に対してこのホテルの業務妨害を呼びかけると、それから数時間で平均評価が急落した。

低評価による業務妨害は、レストラン、ホテル、店舗の表示順位を決めるアルゴリズムにも影響を与えて、また別の問題を引き起こしている。グーグル、「口コミ」サイトのイェルプ、トリップアドバイザーなどのリストとランキングに表示される順位は、評価の数字を基準にしたアルゴリズムで決定されるからだ。それらのアルゴリズムは、私たち人間と同じように言葉より数字に大きく頼っており、低い数字を見つければなんでもふるい落としてしまう。

「数字は嘘をつかない」と、よく言われたものだ。そしてもちろん、数字は嘘をつく。次に自分で何かを採点するとき、他の人が採点した結果を見るときには、ぜひそのことを考えてほしい。

また、自分がつけた点数は、同じ経験に対して他の人がつける点数に影響を与えること、その逆があることも、知っておいてほしい。私たちは数字を決定的な事実と考える傾向があるために、経験について実際にどう考えるかに関係なく（自分自身で経験していたとしても！）、平均点に近い数字を割り当てる傾向もある。レビュー収集サイトのメタクリティックにある映画の評価、アマゾンにある本の評価、イェルプにあるレストランの評価を分析したアメリカの研究者は、満足しなかった人（おそらく不機嫌な批評家か、低評価による業務妨害を目指す人）が何かを最初に評価すると、とても満足した人が最初に評価した場合に比べて、後続の人たちが下す評価は低くなることに気づいた。みんな、最初の評価を平均的な評価とみなしてテンプレートとして用い、多かれ少なかれそれをコピーするらしい。研究者が評価とレビューの文章を比較したところ、文章と数字との間につながりはほとんどないように見えた（そしてそれらは実際の販売数にまったく異なる影響を与える）。

前に登場した高級ホテルに話を戻すと、ミカエルが滞在した翌年に彼が（直接、口頭で）推薦してくれたし、トリップアドバイザーとブッキング・ドットコムで高い評価を確認できたので、もう一度チャンスを与えることにした。評価は平均8・1、立地は8・6、快適さは8・6にもなっている！　嬉しさと期待に胸を膨らませて私たち一家はマイアミビーチに到着し、ヤシの木、どこまでも続く砂浜、まぶしい太陽の歓迎を受ける。まずはウーバーで、（ドライバーの点数とともに）ブッキング・ドットコムにあるホテルの住所を調べなければ……すると、ホテルの評価が下がっているのが目に入った。8・1が7・9になっている！　夢のようなホテルが、一晩のうちにふつうのホテルに変わったのだ。そこで必死になって数字を探していくと、劣っていると判断された部分が明らかになった——プールエリアでの「Wi-Fi接続」の評価が6・7、アウトドアサービスエリアでのコストパフォーマンスが7・6だった。

その結果は？　たしかに私は滞在中、不安定なWi-Fi接続にイライラした時間が長かったし、プールエリアで飲んだ生ぬるい白ワイン1杯に17ドルとチップを支払った。でもその間ずっと、妻と子どもたちはすばらしいプールエリアを楽しそうに駆けまわり、初めて飲むピニャ・コラーダに目を丸くし、世界一の笑顔を浮かべ、ブッキング・ドットコムとトリップアドバイザーでホテルの評価が下がっていることなど、まったく無視して幸せそうに過ごしていた。

（ヘルゲ）

数字がもたらした不安や恐怖心

この話はここで終わるはずだった。ところが執筆中にパンデミックが起き、そのせいでニュースには来る日も来る日もたくさんの数字が並んだ。COVID-19と次々に出現する変異株の感染者数、そして死者の数が連日報道され、私たちはそれを見て驚き、心配するようになった。この章のはじめで確かめたように、痛みや医療に関係する領域でも数字が私たちの経験に影響を与えるなら、数字という伝染病とパンデミックとが合わさり、新型コロナウイルスに関連するこうした数字は人々の感じ方にどんな影響を与えるのだろうか。

２０２１年の冬、私たちは２０００人を超えるスウェーデン人を対象に、その時点で元気かどうか、自分が感染するリスクはどれくらいだと思うか、新型コロナウイルスの感染にどれだけ不安を感じているかを質問した。回答者の３分の１には何の情報も知らせずに回答してもらい、次の３分の１にはその時点での感染者数を知らせてから回答してもらい、残りの３分の１にはその時点での死者の数を知らせてから回答してもらった。

事前に何も聞かなかった回答者の場合、自分自身が感染する可能性を平均で30％と答えた（興味深いのは、スウェーデン人が感染する確率は実際には平均40％を超えていたことだ）。この値は、その前年に実際に感染した7％よりもはるかに高い。おそらくそれまでにニュースで毎日目にしていた数字によって、感染率がそれよりずっと高いという漠然とした感覚をもっていたせいだろう。

ところが、事前にその時点でのスウェーデンの感染者数（70万人）を聞かされた3分の1の人たちは、自分が感染する可能性をそれより約10％高い40％（自分自身と他の人の両方について）と答え、感じる不安もほぼ同じだけ大きくなった！　実際に感染したスウェーデン人の割合は、前年にはたった7％だったというのに（また、スウェーデンの人

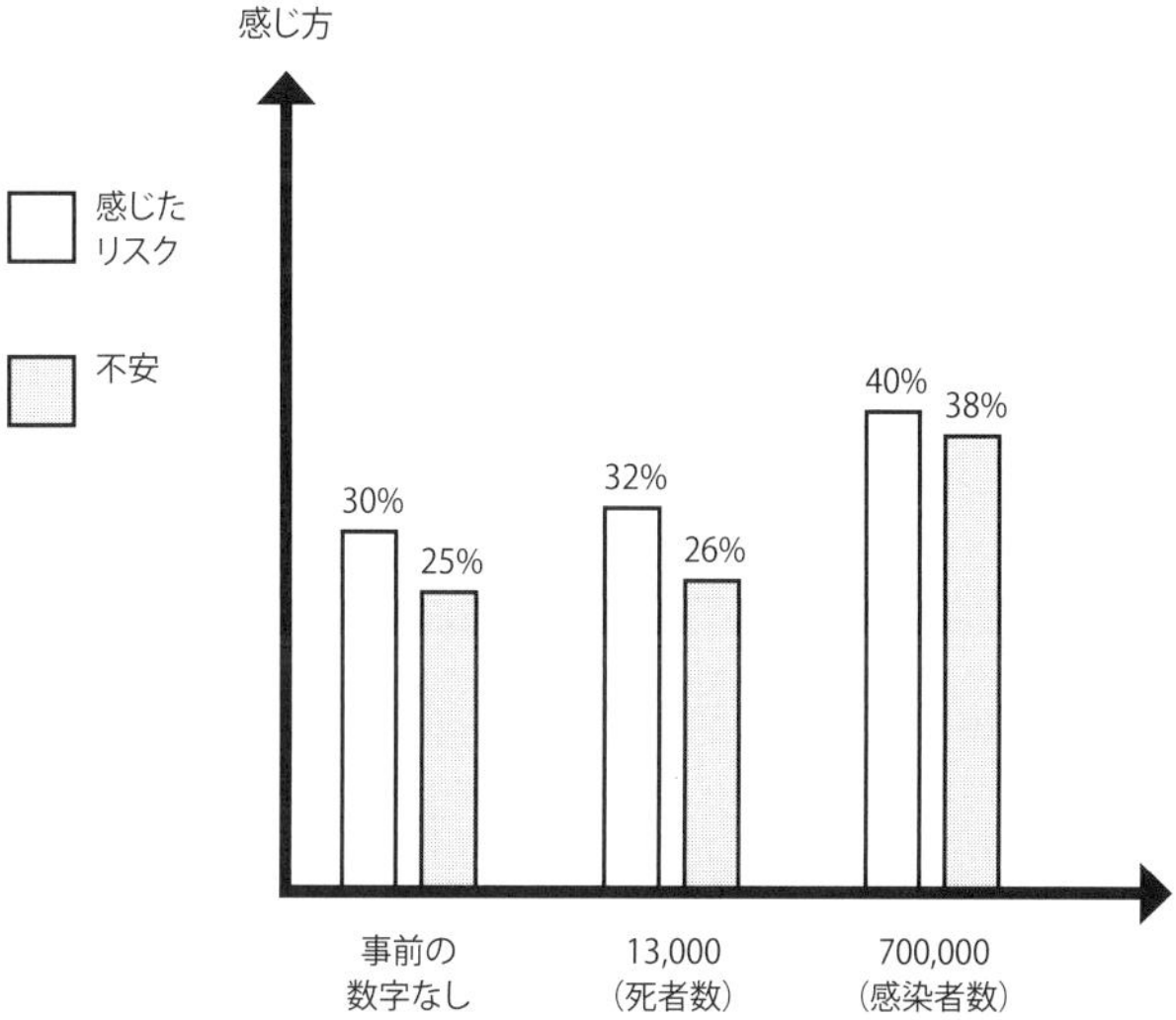

たちがよく知る通り、スウェーデンの人口は1000万人を少し超えているくらいだ）。だがすでに見てきたように、私たち人間は数字に対する本能的な反応に抵抗することができない。それに70万という数字はもちろん大きすぎて、私たちが自然に扱ったり理解したりする必要のある範囲をはるかに超えている。それはまた、それよりはるかに小さい1万3000という死者数を聞いた人たちが、自分自身のリスクをより低く見積もり、抱く不安も小さかったことの理由でもある――それでも、数字を何も知らなかった人より、不安は大きかった。

人々のリスク評価と不安が2つの数字で異なっていたのは、死ぬより感染する可能性のほうが高そうに感じるからかもしれない（人は死について考えたがらないものだ）。そこで私たちは実験をやりなおすことにし、今度は数字をパーセントで伝えてみた――感染者の割合は7％、死者の割合は0・2％だ。結果は？　感染者を7％と表現すると、70万とした場合より感じるリスクも不安も小さくなったが、それでもまだ数字の小さい死者0・2％の場合よりも大きかった。そしてどちらの割合もまだ、まったく数字を知らなかった人たちよりも高かった。

この結果はたしかに、私たちが数字から身を守るのがいかに難しいかを物語っている。比較的小さい数字でも、数字のない情報よりはるかに具体的になって、恐怖心を呼び起こす。定量化されず、ただたくさんの人が影響を受けるというだけの漠然とした感覚なら、人は簡単に払いのけることができるのだ。

これで、パンデミックが起きた最初の年にストレスや鬱を抱えて心の健康を害した人が増えた理由、実際の孤立だけでなく感覚的な孤立も増えた理由を説明できるし、スウェーデンやノルウェーをはじめとした国々の政府機関が定期的に記者会見を開いて方針を打ち出す必要があった理由も多少は説明できるだろう。数字があまりにも具体的で、しかも大きすぎるので、人々はすぐに反応することができない。

そして困ったことに、こうした結論はまた、社会が全般的に数字で表現されるようになったことを示している。そのような社会では、四六時中あらゆる種類の数字が目の前につきつけられ、人々の幸福と安心感にその場ではわからない深刻で厄介な影響を及ぼしている可能性がある。そのために、残念ながら、後の章でパンデミックについてもう少し考えてみる必要がありそうだ。

今のところは、わずかではあるが数字ワクチンを示すので、人々の経験に及ぼす数字の影響を心に刻んでおいてほしい。

1　数字は人々の経験を縮小してしまう。数字は、よくても自分の経験のいくつかの側面と特徴の平均値でしかない（悪くすればそれ以下だ）と肝に銘じておくこと。

2　経験に数字をあてはめれば、比較できるようになるわけではない。すべての経験は、この世でひとつだけのものだ。

3　数字は、自分自身のものでも他人のものでも、経験の前でも後でも、その経験の輝きを薄れさせる場合があるのを忘れないこと。

4　誰でも何かを採点をしているうちに、だんだん気難しくなっていく。数字を使って採点すればするほど、つける点数が下がっていく。だから、あらゆるもの、あらゆる人を格付けすることには注意が必要だ。

5　数字には言葉より多くの情報が含まれているわけではなく、数字の情報は言葉より少ない。数字によって他の情報を置き換えてはいけない。むしろ、数字を解釈するために他の情報を用いること。

残念ながら、最後にもうひとつ、おまけのヒントを追加するだけの理由がある。

6　数字は、苦しみの経験に影響を与えるだけでなく、パンデミック全体をさらに悪化させてしまう可能性もある。抗ウイルスワクチンを接種したのと同じように、文字通り数字に対抗するワクチンを自ら取り入れること。

数字が経験に影響を与えるのなら、経験は他者と共有することが多いのだから、数字は私たちの人間関係にまで影響を与えるのだろうか。数字という伝染病が、ある意味、ウイルス性のパンデミックと同じように接触感染するものならば、私たちは互いに自分の数字を相手に感染させているのだろうか？

第6章 数字と人間関係

人を点数で評価する／されることの恐ろしさ

２０１５年９月の末、ピープル（Peeple）はサービスを開始する前からインターネット上で最も嫌われるアプリになった。このアプリはすでにおよそ８００万ドルの評価を得ていたが、『ワシントン・ポスト』紙に掲載された記事で「人を対象としたイェルプ」と書かれたせいだ。イェルプで人々がビジネスを採点するのと同じ方法を用いて、ピープルでは人が人を採点し、専門的な側面、社会的な側面、そして恋愛対象として、１から５までの

5段階で点数をつけることができる。「車を買うときや、何か同様の決断をするときには、誰でも事前によく調べます。それならなぜ暮らしの別の側面でも、同じように調べないのでしょう」と、創業者は疑問を呈し、このアプリは自分の個性を世界で共有するにも、信頼できる人を探すにも、完璧なものだと説明していた。「私たちは愛と積極性を広めたいのです」

しかし創業者はその見返りとして記者からあまり大きな愛を得ることはできず、新聞記事の結論として、このアプリは「恐ろしい」ディストピア的未来像とみなされた。そしてこのアプリの創業者は世界中の他のメディアからも嫌われて、放送から新聞、まもなくソーシャルメディア上で吹き荒れた嵐と、程度の差はあれいずれも憎しみに満ちたコメントにさらされることになった。

この騒ぎのせいでアプリのサービス開始は延期され、6か月後にようやくリリースされたときには内容に変更が加えられていた。利用者は自分の評価に数字を用いないこと、また自分のスコアを非表示にすることを選べるようになったのだ。その結果、中途半端な批評を受け、ピープルはあまり目立たない存在になってしまった。

こうして、人々がアプリを用いて互いを採点し合う未来という『ワシントン・ポスト』紙の描いたディストピア的未来像は、現実のものとはならなかった。

だが現実は、もっと悪いことになっている。

人々が3つの決められた方法で互いを採点するアプリの代わりに、今では数字を使って評価できる何百ものアプリと「サービス」が存在し、想像し得るあらゆる方法で私たちの人間関係に影響を及ぼしている。靴店で接客してくれたばかりの店員を評価できる。処方箋を書いてくれたばかりの医師を評価できる。ヨガのインストラクターも。サッカーチームのコーチも。そして教師も例外ではない。RateMyTeachers.comとRateMyProfessors.comでは、学生が自分の指導者に何百万回も数字を割り当ててきた。

教師と教授は学究的だから、もちろんこれらの採点をこまかく調べ、その数字はたいていの場合、指導者というより採点者について評価しているように見えることに気づいた——たとえば、学生がその講義の自分の成績に満足しているか、その日に遅刻して注意されたか、あるいは（驚くほど頻繁に）教師が魅力的かどうかを格付けする（最後の教師の魅力という項目は、RateMyProfessors.comでは2018年まで、「チリ・ペッパー」という別項目になっていた）。

教授として常に採点されてランク付けされる立場でいるには、強靭な胃袋と精神の安定が求められていると言わざるを得ない。RateMyProfessors.comをはじめとしたウェブサイトで判定の数字を突きつけられるだけでなく、たいていの大学では各コースに学生による学内評価のシステムがある。特に少人数のクラスでは、不満を感じた学生が判定を下したたったひとつの低い数字によって、コースの平均評価が大幅に低下してしまう。そして採点の判断基準の裏にジョークや発音や容姿（「髪の毛が薄くなりかけているとか？」）の良し悪しが隠されているなら、さらに腹立たしい。ほんとうのことだ。さらに、講師から少し厳しめの扱いを受けて腹いせをしたい学生もいる。あるとき、ひとりの魅力的な学生が、試験を受けられる要件を満たすのを「忘れて」しまったと言いながら、私に次のような最後通告をしてきたことがある——なんとか試験を受けられるようにしてほしい、さもなければ、コース評価に最低の1をつける。私は決然として、すぐに返事をした。すると案の定、そのコースの評価には、すぐに1が戻されてきた。

（ヘルゲ）

上司を採点するときにも（そのための「サービス」グループがある）、同じ論理が働くのだろうか？　同僚を採点するときには？　クラスメートを採点するときには？　では、交際相手なら？

こうした採点が、ホテルを選ぶ場合と同じように交際相手にも影響を及ぼすかどうか、想像してみることにしよう。「ＯＫ」をしたくなる相手は、プロフィールがかなり魅力的だと思う人か、それともプロフィールがとても魅力的だと思う人か。前の章のホテルの「口コミ」と同様、この場合の選択もおそらく単純なものだろう。ところがまたホテルの場合と同じように、前者の「かなり」魅力的な人の点数が５で、後者の「とても」魅力的な人の点数が２の場合には、ややこしくなる。

デーティングアプリの１００人分のプロフィールに無作為に点数を割り当て、星２つか星５つのどちらかにした実験では、「ＯＫ」をする傾向も変化した。プロフィールが星２つの場合は、「ＮＯ」を選ぶ人の数が25％から30％の範囲で増え、星５つの場合は、「ＯＫ」を選ぶ人の数が同じだけ増えた――どちらも、プロフィールの文章は無関係だった。次に、とても魅力的な人の点数を下げ、それほど魅力的ではない人の点数を上げると、参加者は魅力的な人を選ぶ傾向が強かったものの、（点数をつけなかった場合に比べて）両者の差は小さくなった。

すでに述べたように、私たちは数字からなんとか身を守ろうとする。点数が低いものを反射的に避け、点数が高いものに惹かれるのだ。そして自分自身に割り当てられた数字をほとんど身体の一部のように感じる。

油断ならないのは、数字ニューロンが存在する脳の部分――すでに説明した頭頂間溝（IPS）と呼ばれる部分――が、数字と体の動きだけを処理しているわけではないことだ。研究によれば、この部分は私たちが他の人の意図をどのように解釈するかも処理している。その理由ははっきりしていないものの（IPSは、あらゆる状況にほんの少しずつ対応できる多目的な機能を果たしているらしい）、異なる数と大きさに素早く反応できることが不可欠なのと同じように、他の人が何をしようとしているか――相手は友か敵か、自分を助けようとしているのか傷つけようとしているのか――を把握できることが、自分自身の生き残りに不可欠だという事実に関係しているのだろう。ここで思い出してほしいのは、私たち人間は考えるより素早く反応できるよう、量と大きさを数と結びつけるように脳をプログラムしていることだ。そのため何かを格付けするときにも、私たちは脳を使って同じことをする危険があり、自分や他の人の点数を自分自身が実際に考えて意味していることの信号だと、多かれ少なかれ無意識のうちに解釈してしまう。

評価でがんじがらめ

残念なことに、私たちは互いに評価し合う点数に対して自分の立場を主張できないだけでなく、映画などを見るときと同じような目で互いを見はじめる――映画評論家がつける点数がどんどん厳しくなっていくのと同じだ。

その傾向は私たちの人間関係に、そして自らの振る舞いに、実際問題としてどんな影響を与えるのだろうか。

息子がはじめて私といっしょにライドシェアサービスのウーバーを利用したとき、車を降りながら、ドライバーは今日のようにいつもいい人ばかりなのかと私に尋ねた。「ふつうのタクシーのドライバーよりずっと親切だ」と、彼は嬉しそうに言った。そこで私が自分のスマートフォンを取り出し、たしかにたいていはウーバーのドライバーのほうが親切だが、それは今では私たちが彼らを評価し、彼らは絶対に5の評価がほしいからだと説明すると、少しがっかりしたようだった。

すると息子は、「そうなんだね。でも、お父さんもいつもより親切だったよ」と、肩をすくめながら言った。「お父さんも評価されるの？」。私は、ドライバーの親切が私にうつったせいだと思うと言おうとしていたのだが、ある考えが頭に浮かんで、思わずスマートフォンに目をやった──その通り、私にも評価の通知が来ている。

それ以来、私は後部座席に座りながら、常に自分に対する評価について不安を抱くようになった。私は乗客として楽しく振る舞い、低い点数をつけられないようにしなければならない。さもなければ、次には誰も私を乗せたいと思わなくなってしまう。

（ミカエル）

ドライバーが自分を乗客として低く評価する可能性があると知りながら、少ししかチップを渡さない勇気があるだろうか？　乗客の側からは、車を降りようとしたときにドライバーから、十分なチップをくれなければ評価を低くすると言われたという報告がある。乗客がドライバーの点数を最高にしない場合も同じだ。自分に対して数字がこのように使われる可能性があると知っただけで、行動が変化してしまう。このような評価行動は、意識的か無意識かにかかわらず、私たちのその他の関係にも浸透してきている。

写真共有アプリのスナップチャットは、頻繁に利用してほしいと考えて「スナップストリーク」の機能を導入した。これは2人のユーザーが互いに連続して何日間スナップを送り合ったかを表示する機能だ。その日数が一定のレベルに達するとユーザー2人にはトロフィーマークが送られるが、1日でも送らない日があると、数字はゼロに戻る。すると若者たちはすぐ、この数字を少しでも大きくしようと考え、互いに真っ黒なスナップを送り合うようになった。たしかにこの真っ黒な四角形は送り合ったスナップの数を増やしてはいくが、スナップには写真もメッセージもなく、単に空っぽの数字にすぎない。

子をもつ親にとって、こうしたアプリの機能や扱い方をすべて把握しておくのは簡単なことではない。2017年のある晩、ベッドに入る時間になったらスマートフォンとスナップチャットを使うのをやめるようにと私が長女にやさしく、だが断固としてお願いすると、彼女はいつになく動揺した様子を見せた。そして、もしストリークを継続できなければ、私が彼女の人生をめちゃくちゃにしたことになるのだと言った。そのとき私の頭の中にあった「ストリーク」は、競技場を全裸で走る人だったから、その状況に何の関係があるのか、長女がなぜストリークにそれほどこだわるのか、まったくわからなかった。やがて、彼女がスナップチャットで山ほどの友人たちと、何週間も何か月も懸命になってストリークを長く続けているという説明を受け、ストリークは桁外れの巨大な価値をもつもので、私がそれをたった一晩ですっかり破壊しようとしていたことがわかった。世界で最もひどい父親だ。

（ヘルゲ）

若者たちがまるで躁病にかかったかのように数字を追うことでストレスと不安が生じているとメディアが報じはじめたのは、それから間もなくのことだ。中には、自分が忙しいとき（たとえば、学校に行かなければならないという軽い邪魔が入ったときなど）やＷｉ－Ｆｉを使えないとき、代わりに空白のスナップを送ってほしいと親に懇願する者もいた。友人が自分の順番を守らなかったといって敵意をもつ者もいた。また、ゲームには興味がないのにスナップチャットを使わなければならないと感じたり、ストリークで大きい数字を達成する相手がいないと悩んだりする者もいたという。

数字は人間関係を実績に変えてしまう

だが数字は、おとな向けのあらゆるアプリにもこっそり忍び込んでいる。たとえば、パートナーとの間でメッセージをやりとりした回数を計算したり、ロマンチックな仕草を推奨して回数を数えたりする、カップル用アプリがある（すでにお気づきとは思うが、読者の人間関係を考慮してあえてアプリの名前を出していない――ただし残念ながら、グーグルで検索すればすぐにわかってしまう）。また、セックスの頻度と長さと快適さを記録できるセックスアプリもある。どれをとっても恋愛関係の質を高めようという親切な意図をもっているわけだが、実際には量に焦点が集まる危険性がある。

なぜならば、ロマンチックなメッセージのやりとりは2回より4回のほうが2倍素敵だし、セックスは8分のほうが7分よりすぐれていると、誰もが思ってしまうからだ。数字を目にすると、8分でも短く感じられるかもしれない。だが、セックスの平均時間は5分だという研究結果に従えば、ほぼ3分もの余裕をもった「標準以上の実績」だ。また、カウンターの数字だけを見ていると1週間に1回のセックスは少なすぎると感じるかもしれないが、イギリスの調査で判明した1週間に平均0・75回という結果と比べれば、実際には「期待以上の実績」になる。さらに、研究ではその回数が最適であり、それより多いからといって幸福度が増すわけではないという結果が出ていても、1週間に1回という数字を見ると満足できないかもしれない。

数字は恋愛関係を実績に変えてしまうリスクを秘めている。そして前に見た通り、数字の影響によって私たちの実績は向上する傾向があるが、同時に幸福度は下がっていく。最悪の場合にはほんとうにそうしたいからではなく、数を増やしたいために、ロマンチックなメッセージをやりとりし、セックスをするようになる。こうしたおとなが、スナップチャットに夢中になっている若者と異なるのは、仕事の会議で忙しいから代わりにロマンチックなメッセージをパートナーに送ってほしいと、親に頼むくらいなものだろう。

では、数字はほんとうに恋愛関係を単なる実績に変えてしまうのだろうか？　この疑問はあまりにも気がかりなものだから、答えを探さずにはいられない。たとえば、デーティングアプリを使用するとき、次々にスワイプしていく人に平均スコアという形で数字の助けがあると、どうなるだろうか？

私たちはこれを調査するために実験を行ない、デートを希望している1000人の人たちに、よく知られたデーティングアプリの2つの異なるバージョンをテストしてもらった。半数が使うバージョンでは表示されるすべてのプロフィールに平均スコアがついており、残りの半数が使うバージョンでは平均スコアがついていない。結果を見ると、スコアつきのバージョンを使用した人たちは、より多くのプロフィールを短い時間のうちに見ていた。まるで、できるだけ効率的に仕事をすませているかのようだった。実験後の調査で、スワイプする動作をどの程度まで仕事のように感じたかと質問すると、思った通り、強く感じていた人の割合が高かった。さらに、あまり魅力的とも楽しいとも感じていなかった。

恋愛関係にある2人の行動に戻って考えてみよう。危険なのは、互いに回数を競いはじめることだ。愛情攻勢をかけ合って相手を上回ろうとするのは、楽しいように思えるかもしれないが、もし自分のパートナーが毎日3回ずつロマンチックなメッセージを送ってくるようになったなら、ストレスを感じるか、自分は2回「しか」送らなかったことを後ろめたく思うようになるだろう。最悪の場合には、毎日自分が勝とうとする厄介な人を相手に、プレッシャーを感じてしまう。さらにその反対もあり得る。パートナーが自分のことを、数字を増やすことに同じように努力せずに惰性で関係を続けているチームメイトとみなしはじめるかもしれない。

そして最悪の場合、恋愛関係はすっかり冷え込んでしまう。

グーグルでティンダーに関連した検索が最も多いのは、「1日あたりのスワイプ回数」と「1日あたりのライク（いいね）の数」だ。「自分は誰かとどれだけマッチしているか」や「どうすれば自分にピッタリの人に会えるか」などは、グーグル検索のトップ10にも入らない（逆に、「1日のマッチ数」なら入っている）。

ティンダーのユーザーに関する調査によれば、多くはデーティングサービスを（自尊心や自己顕示欲を満たすための）エゴブーストまたはお楽しみとして利用しており、実際に誰かと会いたいと思っているわけではない。目的は、できるだけ多くのライクとマッチを達成することだ。それによって、アメリカで実施された調査の結果、すでにパートナーがいるティンダー利用者が全体の55％にものぼった理由がわかるだろう（別の調査で、ティンダーを利用していて既婚者だと知っている人を見かけたことがあるかという質問をしたところ、あるという回答は70％を超えた）。

さらに、ポーカーに依存するのとまったく同じようにティンダーに依存する人がいるという調査結果にも、納得がいくと思う。ティンダーのヘビーユーザーは「イロ（Elo）」レーティングを引き合いに出す。簡単に説明するなら、自分が獲得したスワイプ数を、自分が選んだり拒否したりした人のスワイプ数と比較した値だ（イロレーティングはもともとチェスで用いられていた数値で、対戦相手のそれまでの勝利数に応じて自分の勝利の価値を測る指標〔訳注　物理学者アルパド・イロが考案したために、この名前がついている〕）。実際に誰かと出会うことよりもライクとマッチの数に注目しているという事実を知れば、ティンダーを利用する人は自分の容姿に対する満足度が下がり、自尊心も低下するという調査結果にも納得がいくだろう。

このようにティンダーは、「私たちの人間関係に影響を及ぼす数値生成アプリ」という表現ではまったく言い足りないものだ。そして、インスタグラムに関する最も多いグーグル検索のひとつに、「フォロワー数を増やす方法は？」がある。

インスタグラムというアプリは暮らしの中のスナップ写真を友人や知人と共有する方法としてスタートし、身近な人たちが見せ合って楽しんだひと昔前のアルバムの、現代版という位置付けだった。ところが時とともに、フォロワー収集装置とでも言えそうなものに変わってきた。多くの人たちにとって、フォロワーの数とそれを増やしたいという願望から目を背けるのは難しい。それがどんどんエスカレートして、今では多様なサービスが山ほど揃い、フォロワーを買うことさえできる（ツイッター〔現X〕の愛好者にも同じサービスがある）。

きっとフェイスブックでも友達の数を確認している人は多いだろう。リンクトインの連絡先の数はどうか。ほとんどの人が数えている――実際に聞いてみたからたしかだ。私たちは無作為に抽出した1000人の個人に、各自がもつソーシャルメディアの友達の数を尋ねた。すると全員が正確な数を答えた（もちろんここでその平均値をお伝えする。当然、みんな自分の友達の数と比べたい衝動を抑えることができないと思うからだ――インスタグラムが167人、フェイスブックが755人、スナップチャットが47人、リンクトインが353人）。さらに回答者は、自分のソーシャルメディア上の友達の数を知るのは簡単だと思っているようだった。私たちはそれについても質問し、7段階のどこに位置するかを尋ねたところ（1はとても難しい、7はとてもやさしい）、大半は6と答えた。

もし、ソーシャルメディア上ではなく「実」世界で「友達は何人いますか?」や「仕事上の知り合いは何人いますか?」と尋ねられたなら、その質問に答えるのはおそらく、かなり難しいだろう。これについても尋ねてみると、同じ1000人が、正確な数ではなく大雑把な予想で答える傾向が見られ(平均すると、友達はおよそ20人、仕事上の知り合いはおよそ50人だった)、友達の数を知るのはずっと難しいと思っていた――7段階のうち、大半は4と答えた。なぜなら、友達と仕事上の知り合いの数を正確に把握しておく理由がないからだ――考えてみれば、実際それにどんな意味があるというのだろうか?

ところが数字が突如として目の前に現れると、それは重要なものになる。同じように人間関係の数も重要なものになる。そして数字によって人間関係は交換可能なものになる。なぜなら、数字はもちろんただの数字に過ぎず、一部にはフォロワーを買おうとする人までいるくらいだからだ。また数字によって、人間関係は比較可能なものにもなる。フェイスブックの友だちの数、リンクトインの連絡先の数、インスタグラムのフォロワーの数が、最も多いのは誰? そうしているうちに、自分には「たった」2000人(!)の友達(?)しかいないのに、誰か他の人には5000人もの友達がいるのだから、自分は大した人間ではないというねじ曲がった結論に達してしまう。

私たちは人間関係で競争相手になっていくリスクを背負い込むことになる。

私と新しいソーシャルメディアとの関係には、相反する側面がある。新しく試してみるものがあるのはいいことだと思いながら、わずかにストレスも感じてしまうのだ。またゼロから始めなければならないのか？　そんな状態だったから、音声ＳＮＳアプリ「クラブハウス」に加わるよう招待されたとき、当時はまったく新しいものだったうえ、華々しく宣伝されてもいたので、ひどく躊躇してしまった。誰がいるのかチェックしてみると、すでに山ほどのフォロワーをもつ、たくさんの「かっこいい」人たちだとわかった。どうすれば、そんな人たちに追いつくことができるというのか。世の中の人が私もチェックして、私にはほとんどフォロワーがいないことがわかったら、どれだけみじめに見えることか。こうして私は、新しいワクワクするような機能と、世界中の人たちと話したり、その話を聞いたりするチャンスを楽しむのではなく、悲しくなるほど小さい新しい数字のことを心配していた。

（ミカエル）

単身世帯の数が急増したのとほぼ同時に、数字がなだれをうって私たちの人間関係に潜り込んできたのは、おそらく偶然の一致ではないだろう。スウェーデンの単身世帯は

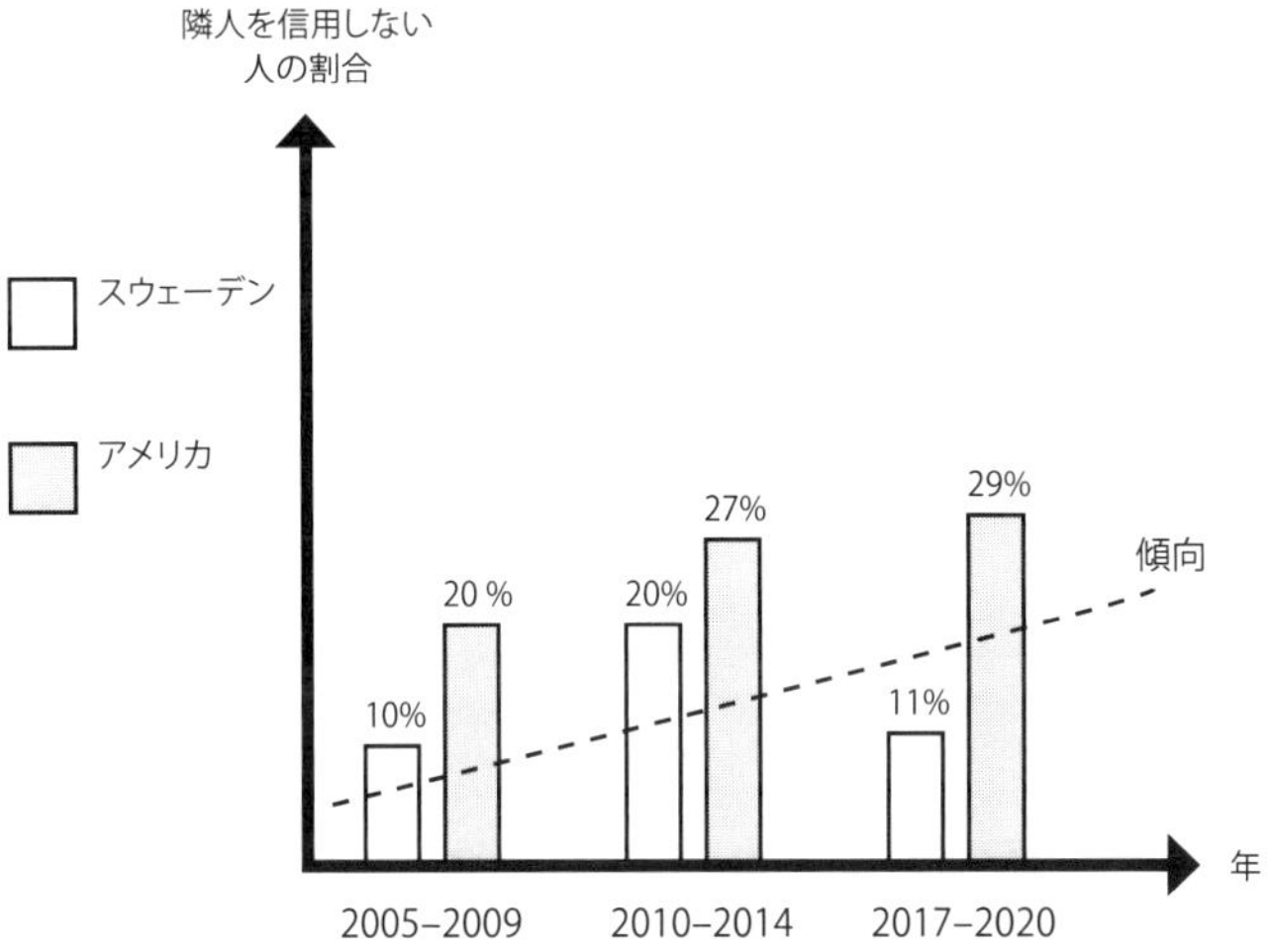

1950年ごろに12％だったが、EUの統計によれば、2017年までに50％を超えている！　その結果、スウェーデン人は世界で最も独身者の多い国民になった。ノルウェーでも同じように増えていて40％を超え、EU全体でも時とともに増加して、平均で30％を超えたところだ。

このような独身者増加の背景には多くの要因があるものの、もしデート相手、同僚、友人のアカウント数の多さが私たちの人間関係の妨げとなっていたらどうだろうか。それは、経済調査の結果が示す通り、銀行口座が多いと貯蓄が増えないのと同じことだ。

その数が身近な人たちに対する信頼を薄れさせるのではないかと、思わずにはいられない。もし私たちが、仲間の人間をさまざまな方法で採点して数字を割り当て、お互いを異なる取引の相手とみなすなら、お互いの信頼が減りはじめるリスクは高まるのではないだろうか。もし数字が、私たちの互いの共感を減らしているとしたら？

ここに、人間関係に効く数字ワクチンをあげておく。

1　数字と意図を区別すること。それらは同じものではない。手にする評価（また自分自身に割り当てられる評価）は、相手が実際にそう思っていることを意味するとはかぎらない。

2　数字と質も区別すること。友達の数が少ないからといって、価値が劣るわけではない。

3　自分の人間関係は、現在それに数字がついているというだけで実績になっているわけではないのを忘れないこと。

4　自分で意図する、しないにかかわらず、数字による評価を用いて他の人をがんじがらめにする、または自分ががんじがらめになる可能性があると意識すること。

5　そして、どうか、どうか、自分を担当している教授を採点しないでいただきたい。

数字がどうしても気になって仕方がないなら、6分は短くなく長い時間で、週に1回は十分な回数であることを、忘れないように。

だが、ここで終わるわけにはいかない。もし数字が私たちの人間関係を実績と取引に変えてしまうなら、数字そのものが一種の通貨になったという意味だろうか？　それについて、もっと詳しく見てみることにしよう。

第7章

通貨としての数字

数字が通貨になるとき

2018年、北米最大級の生命保険会社ジョン・ハンコックはそれ以降、ウェアラブルな活動量計を用いて健康データを収集する「インタラクティブ」生命保険のみを販売していくと発表した。顧客は、アップルウォッチまたはフィットビットを通して保険会社が自分の健康データにアクセスできるようにすることで、割引やさまざまな特典を得られることになる。言い換えるなら、もしそうしなければ罰を受け、保険料が高くなる危険があったということだ。ほぼ同じ時期にオーストラリアの生命保険会社が類似した「イノベーション」を発表して、活動量計を使用する顧客には利点を提供し、ＢＭＩが28未満であればボーナスを支払うとした。やる気を起こさせれば健康になると、保険会社は考えた。だがそれはディストピアで、邪悪で、立ち入りすぎだと、批評家は確信した。

私たち自身に関するあらゆる数字の価値が、自分で記録する場合も他者が私たちのために計測する場合も含めて、少しずつ高まってきている――自分のために価値があるだけでなく、雇用主、政府、中でも営利企業のために価値があるということだ。地理的位置情報、健康に関するデータ、「いいね」とフォロワーの数、そして家庭や車や体に装着したセンサーからの情報を入手することによって、テクノロジー企業は私たちに、より的確なアドバイス、個別のサービス、より正確な広告、よりすぐれたリスク管理、そしてより安い保険を提供できるようになる。

アルゴリズムは人工知能（ＡＩ）の他に、いわゆるディープラーニングを用いることで、自己改善されていく。このうち後者のディープラーニングは、基本的には人間の神経回路と同じで、テクノロジーが人間の脳を模した方法で大量のデータから学習する。ディープラーニングによる予測の巧妙な点は、ＡＩが実際にどのようなデータと規則を予測に用いているのか、人間にはわからないことだ。さらに厄介なことに、ディープラーニングのモデルを利用している企業もそれをわかっていない。そのため、このモデルはブラックボックスと呼ばれることが多い。そして、たとえば保険料が、民族性、運動のパターン、体重を用いた関数によって決められているなら、倫理的に問題がないとは言えない。

北欧のある銀行は最近、新しくて洒落たディープラーニングのクレジットモデルを廃止せざるを得なくなった。それは他のどのモデルや手法より的確に、顧客が貸付残高の支払い不能に陥りやすい時期を予測していたものだ。なぜそのようなモデルを廃止しなければならなかったのだろうか？　それは、銀行が誰かのローンの申し込みを断る根拠として、そのモデルがどのような決定基準を利用しているのかわからず、金融監督機関に説明することもできなかったからだ。ここで再び登場する――コ、ン、ピ、ュ、ー、タ、ー、が、ノ、ー、と、言、っ、て、い、る。以上。

「まえがき」で、私たちは数字資本主義者になりつつあると書いた。そこでは「いいね」とフォロワーの数、心拍数と歩数、ボーナスポイントとレストランのランキングが重要だ。そしてそこで使う「通貨」という言葉には、文字通りの意味と隠喩的な意味がある。「いいね」の数はお金であり、フォロワーの数は銀行口座だ。ブロガーやインフルエンサーならば、フォロワーと「いいね」は文字通りドルとセントで数えられる。さらに、脈拍数、歩数、上った階数が保険料の値引きに換算される。だが、数字は隠喩的な意味でも通貨だ。数字はステータスになり、自信になり、交渉の強みになる。そしてそれらは、お金と同じように堕落することもある――実際、お金とまったく同じように。

お金の心理的影響に関する数十年にわたる研究が、もし何かを教えてくれたとするなら、お金は人間の思考と行動を導く力をもつということだ。すでに述べたように、人は紙幣を見たり触ったりしただけでも、利己的で自分中心の冷たい気持ちになる。私たちがこれを「ろくでなし効果（asshole effect）」と呼んだのを覚えているだろうか。人はお金に触れると、取引という考え方が強くなり、他の人を助けようとする気持ちが減り、自己中心的な選択が増える。もっと最近の研究結果を見ても、お金に触れた人は不正をすることが増え、他の人と分け合うことが減り、何かを選ぶときのモラルの基準が低くなる。

数字も――通貨として――まったく同じことをしている可能性があるのだろうか？

数字が狂わせるモラルコンパス（道徳的指針）

これを探るために私たちが行なったのは、８００人のノルウェー人を対象としたアンケート調査だ。まず次のような質問をして、自分自身に関する数字を把握しているかどうかを尋ねた。自分の健康データを記録していますか？　ソーシャルメディア上の自分の友達とフォロワーの数を知っていますか？　自分に関係する金銭的データ——株価、ファンド、ボーナスプログラム、預金残高——を注視していますか？　その後、さまざまなモラルのジレンマを引き起こす質問をして、回答者がどの程度まで、あちこちで「近道」を選ぶかを測定した。回答者が直面したジレンマは、職場のコピー用紙をひそかに数枚もらってしまうか、誰かの車に傷をつけてそのままにするか、あるいはコーヒーを買う列に並んで長く待ったあと、おつりが少し多いのに気づいたときに返すかなど、多様なものだった。これは、モラルに則した選択を試すための愉快で実績のあるテストだ。

自分の健康データの記録とモラルの間には、わずかに否定的なつながりが見られ、フィットビットとストラバを頻繁に利用する人はモラルが平均よりわずかに低かった。また、活動量計をまったく見ない人より、少し自分のことばかりに夢中になる傾向があった。ソーシャルメディア上の自分に関する数字と「いいね」の数を注視している人たちの結果は、さらに気の滅入るものだ。そのような人たちではストレスレベルが高かっただけでなく、モラルのジレンマに関してかなり悪い方向に傾くことがわかった——職場からわずかなものを黙ってもらっても、ソフトウェアの違法コピーをしても、おつりを余分にもらっても、大丈夫だと思っていたのだ。

また、自分に関係する金銭的データを注視している人にも、同様のパターンが見つかっ

右の項目を注視したり記録したりすればするほど……	ソーシャルメディアに関する数字	健康に関する数字	経済的な数字
独立心と生きる意欲が薄れる	✓		
ストレスのレベルが高まる	✓		
倫理に反した選択が増える	✓	✓	✓
幸福感が強まる		✓	
明日はもっと社交的になろうと計画する		✓	
明日はもっと働こうと計画する			✓
移民に対して懐疑的な考えが強まる			✓

た。モラルのジレンマに関する質問では悪い方向に傾き、家族や友人と過ごす時間より仕事を優先し、外国嫌いの傾向も強い。じつに興味深い結果が入り混じっているとは思わないだろうか。

アメリカの研究者たちは、金銭が人々のモラルに対して与える悪影響を「自己充足のマインドセット」と呼ぶもので説明することが多い。つまり、たくさんの金銭を手にした人は独立心を強め、他者の助けがなくてもやっていけると感じる。果たして、ここでも同じだろうか？

私たちは、人がどれだけ速く走ったか（平均より速かったか遅かったたか）に関する数字を用いた研究で、まさにそのことを発見した。走ったばかりの人に、実際より速く走ったと信じさせると、その人の自信は最高潮に達することがわかり、そこにはなんでも自分でできるという「自己充足」の感覚も含まれる。また、リスクをいとわない行動についても結果が向上した。

そして彼らに、前述のものと同じモラルのジレンマに関する質問をしたら、どんな結果が出ただろうか。さて、この方法で高い数字を手にした人たちは、自分が他者より優れていて強いと感じた——そこで大まかに言って、さまざまな状況でわずかに倫理に反した行動をしやすくなった。お金に触れた人とまったく同じだった。そして、インスタグラムへの投稿に山ほどの「いいね」がついたのを知った人たちとも、まったく同じだった。

このように、私たちのモラルコンパス（道徳的指針）を混乱させるのはお金だけではなく、他の種類の数字も同じ効果を及ぼす。数字は、どんなことに関するものでも構わない。ただの数字や数学の問題でもいい。香港とアメリカの研究者が一連の実験を通して、人は数字を扱う問題に取り組むと確実に、より利己的で、不正直で、自己中心的になることを発見している。実験は単純なものだ。まず参加者を無作為に2つのグループに分け、一方のグループには文章に関する問題を、もう一方のグループには数字を扱う問題を解いてもらう。そして問題を解き終えたら、いわゆる「独裁者ゲーム」で遊んでもらう——嘘をつくことや、相手より多くのお金を自分の手元に残すことができるゲームだ。すると、数字を扱う問題を解いたばかりの人は一貫して、より多くの嘘をつき、自分のためにより多くのお金を残した。悲しいかな、ほんとうの話だ。

これらの実験はまた、私たち人間が数字と言葉を異なるものとして扱っている事実も明らかにしている。数字は通貨であり、私たちはこれを通して自分自身への注目度を高め、少しずつ人間味を失い、感情を薄れさせる——数字は私たちのモラルコンパスを狂わせてしまう力をもっている。

かつて、長々とした会議に頻繁に出席していたころ、私は会議の出席者が互いにコーヒーを注ぎ合うかどうかを体系的に観察して楽しんでいた。テーブルの上にコーヒーの入った魔法瓶が置いてある会議では、自分のカップだけにコーヒーを注いで飲んでもいいし、周囲の何人かが飲みたいと言えば、注いであげることもできる。そうした状況で私がどんなことに気づいたか、もうおわかりではないだろうか。そう、数字、予算、ランキングについて話し合っているとき、参加者はたいてい自分だけにコーヒーを注いでいた。だが、数字を離れた質的な議題と資料についての話し合いでは、より社交的にコーヒーを注ぐ場面が見られ、注がれた人もにこやかに礼を言っていた。中にはキャンディーを入れた袋やクッキーをのせた皿を回す人もいた。そういえば、インパクトファクターとh指数、さらに自らの論文の引用回数に特別大きな関心を抱き、グーグルスカラーとリサーチゲートの数値に磨きをかけることに余念のない何人かの教授は（私はそのことをかねてから知っていた――ただしここでは名前を明かさない）、新しい役割や雑用の担当者を決める議題になると、一番に会議室を抜け出していた。これが科学的な調査だと主張するつもりはないが、会議室での観察は事例証拠として大いに役立った。

（ヘルゲ）

数字が煽る競争意識やライバル心

「私がゲームデザイナーとして利用する道具箱の中で最も大切にしているのは、ポイントシステムです。それはゲームを遊ぶ人に、何を大切にすればよいかを伝えるからです」。これは「ロード・オブ・ザ・リング」、「ケルト」、「ロストシティ」などのゲームを制作した世界屈指のボードゲームデザイナー、ライナー・クニツィアの言葉だ。ゲームのポイントシステムは人々の物の見方をすっかり変えてしまうらしく、遊ぶ人は現実を逃避してやる気を出し、心の狭い負けず嫌いと化すから、ときにはイライラしてテーブルをひっくり返したり、互いに怒鳴りあったりする。実生活では何の価値もない想像上の数字とポイントのせいで、普段は冷静で控えめな人が、急に敵意を見せたりすることもある。ゲームを研究している哲学者C・ティ・グエンによれば、ゲーム世界におけるポイントシステムの論理が、今では広く社会全体で熱心に導入され、適用されているという。私たちは学校の勉強から税務申告、販売コンテスト、ボーナスプログラム、さらにツイッター（現X）の会話まで、あらゆるものを「ゲーム化」している。そしてグエンが言うように、「私たちがゲームで遊んでいるのではない。ゲームが私たちで遊んでいるのだ」。

数字とポイントシステムは、物理現象と社会現象を測定可能な単位に変えてしまう。私たちの金銭的責任はクレジットスコアに、社会的ネットワークはフォロワー数とソーシャルメディアの閲覧数に、旅行熱はマイレージサービスのマイル数に、エクササイズの楽しみはカロリー消費量と1キロメートル当たりの平均歩行速度に、それぞれ換算される。

そして、数字は競争意識とライバル心を煽る。私たちは暮らしのすべてを数値化することによって、次から次へとたくさんの領域に競争を持ち込んでいるのだ。以前は多様なやり方で説明できた人と経験の質的相違が、今では盤石の量的相違に姿を変えた。2枚の自撮り写真、2人のビーチでの水着姿、あるいは2つのディナーが、急に競い合う間柄になり、容赦なく比較される。

ビジネスの世界でも同じで、ショッピングの経験は3個の星に、トイレの利用はスマイルマークに、本やコンサートは1から6までの評価に要約される。数字と数量化は複雑な現象を1次元の段階に作り替え、測定に伴って内容の大半が失われてしまうのだ。

その結果、数字は言語および経験の価値にも影響を及ぼすことになる。「彼女の美しさは1から10までのどの段階ですか?」のように、質、物、人に数字という結果を結びつけることで、私たちは価値に明確な評価を与える。8は7よりすぐれている。数量化することで、価値の関係性が単純になり、物の比較も単純になり、私たちはすべてにおいてはっきりランク付けされる。ミカエルにはインスタグラムのフォロワーが2万8400人いる。ヘルゲは135人だ。数量化は社会的地位を明確にし、社会現象を交換可能な通貨に変えるのも容易になる。そしてお金に関しては、たいてい大きい数字のほうが歓迎される——脈拍と血圧の逆だ。アルゴリズムがビッグデータを要約して、その結果を人々に提示する。みんなクリックして比較したい気持ちを抑えられないからだ。自分は334、ニルスは176、近所の人は189、パートナーは544。数字は——社会的知性から魅力、ソーシャルメディア上のランキング、肥満度、抑うつ傾向まで——あらゆるものに当てはまる。

数字を結びつける新しい方法が生まれるにつれて、新しいサービスが作られ、そこでは通貨としての数字の役割がより明確になってくる――よりばかげたものになると言う人もいるだろう。たとえば、2006年に開始されたCreditScoreDating.comというサービスでは、クレジットスコアの相性に基づいて将来の伴侶を見つけることができる。そのウェブサイトによれば、全男性の57%、全女性の75%が、デート相手を選ぶ際に経済的な安定性に重きを置くので、完璧なパートナーを見つけるためにそれ以上の方法は考えられないというわけだ。類は友を呼ぶとか呼ばないとか……。

ところで、フェイスブックが2015年に、ユーザーのソーシャルネットワークに基づいてそれぞれの信用度を計算する手法の特許をとったことをご存じだろうか。この手法の土台となるロジックは次のようなものだ――友達の中に支払いを渋る人や支払い能力の低い人が隠れている場合、その人自身の信用格付けも低い可能性が大きい。だから付き合う相手には、直接に接する場合も、デジタル上で接する場合も、よく気をつけなければいけない。さもなければ、数字に苦しめられることになるだろう。

睡眠をも最適化しようとするテクノロジー産業

自己定量化ムーブメントに話を戻そう。ティモシー・フェリス等が提唱したセルフトラッキングは、数字を通貨と競争に変え、その結果一人ひとりが小さい会社になってしまったとして、多くの人々から非難された。活動量計とスマートフォンに表示されるすべての数字が自分自身のパフォーマンスの最適化と向上のために利用されるとするなら、私たち人間の市場分析に危険なほど近づく。常に努力目標の数字があり、常に比較して改善するものがある。市場の論理は人間関係の論理より強く、人間は小さな自己最適化企業と化すわけだ。

そしてこのような自分自身に関するすべてのデータには大きな商業的価値もあるので、それと引き換えに、グーグル、ストラバ、フェイスブック、アップルなどのテクノロジー企業が提供する新しいサービスとよりよいアドバイスを手にするのは簡単だ。体に装着したセンサー、使っているスマートフォン、家庭に設置されたセンサーから得られるデータにグーグルがアクセスできるなら、日常生活の様子は一変するだろう。そうなれば、朝、目を覚ました瞬間にコーヒーメーカーの電源が入り、家も車もその日の仕事に合わせてプログラムされて変化し、エクササイズのプログラムも食事の時間もカスタマイズされ、自分にとって最も貴重な人間関係が維持され、最適化される。企業に渡すデータが多ければ多いほど、アドバイスはよりよく、より細かく、カスタマイズされる。それと引き換えに手にできる利点も増えるだろう。

たとえば、オンラインでDNAプロファイリングを依頼できるサービスがある。そう、約100ドル払えば、インターネット上で自分のDNAプロファイルを解析してもらえるのだ。そのうえ、そのプロファイルを各種のテクノロジー企業にアップロードすれば、ほぼあらゆることについて、個々に適したアドバイスを得ることができる。たとえば、ダイエット、エクササイズ、禿げ頭、ニキビ、ギャンブル、そばかす、攻撃性、鬱、日光浴、コーヒー摂取量などは、ほんの一例にすぎない。また、それぞれのDNAプロファイルに基づいて、どのワインが最も口に合うかを見つけることまでできる。ずいぶん頭がいい。

そして、テクノロジー企業がこのような個人の数字とデータにアクセスしようと努力するのは、まったく新しい業界に進出しようとしているからで、おそらく考えもつかないだろうがベッドやマットレスなどに関心を寄せている。テクノロジー分野の投資家が、マットレス製造のようなアナログで退屈なものに大金を投資しようというのだ。マットレス産業の「創造的破壊《ディスラプション》」など、想像できただろうか。そして、なぜマットレスなのか?

それは投資家たちが、未来には誰もベッドを買わなくなると想像しているからで、人々はその代わりに睡眠の質を買うようになる。もうベッドは必要なく、必要とされるのは睡眠だ。センサーを用い、マットレスを監視すれば、睡眠を最適化することができる。ホテルにチェックインしても、エアビーアンドビーを利用しても、テントに泊まっても、快適な睡眠をとれるようになるわけだ。

数字資本主義とモラルの低下

かつて、「時は金なり」と言われていた。今ではどうやら「数字は金なり」ということになるらしい。節約できたお金は稼いだお金と同じだ。ボーナスポイントは休暇旅行、飛行機代、品物と交換できる。フィットビットのデータを提供すれば生命保険の保険料が安くなる。仕事で顧客満足度などの高い評価を得ればボーナスが増える。車の運転パターンに関する数値によって自動車保険料が安くなることもある。信用度が高ければローンの金利で優遇される。レストランが客から高い評価を得れば売上が増える。中国では社会信用システムのスコアが高ければインターネットの速度が上がる。そして「いいね」の数は、輝かしいドルとビットコインに変わる。

「TikTok money calculator」とググってみれば、よくわかるだろう（ちなみに、「ググる」という言葉が動詞として受け入れられるようになっていること自体、数字資本主義の威力の表われだ）。ヒット数は数千万件にのぼる。フォロワー数、再生回数、「いいね」の数を一瞬で現金に換算し、「ＴｉｋＴｏｋでいくら稼げる？」という疑問に答えてくれる計算プログラムが、無数に並んでいるのだ。実際には板チョコ１枚分のお金を稼ぐにも何万という再生回数が必要だが、そこには実際に現金がある。そして世界中の何百万人もの若者が、インフルエンサーやセレブリティになって「いいね」とお金が絶え間なく流れ込んでくる未来を夢見ている。

２０１９年に、19歳のアディソン・レイ・イースターリングは居並ぶＴｉｋＴｏｋスターの中で最高の年収を得た。６０００万人のフォロワーが彼女の動画を見て、その口座には５００万ドルが転がり込んだ。どう見ても現実離れしている。そしてＴｉｋＴｏｋ２位の人気者チャーリー・ダミリオは、もっと若い。15歳で86億の「いいね」を集め、年収は４００万ドルだった。そして現在のフォロワーは1億人をゆうに超えている。彼女は年若いＴｉｋＴｏｋスターから人気トーク番組「ザ・トゥナイト・ショー・スターリング・ジミー・ファロン」への出演を経てプラダ、ホリスター、スーパーボウルと契約し、キャリアの階段を一気に駆け上がった。ちなみに、その姉にあたるディクシーが年収３位で、

4900万人のフォロワーと80億の「いいね」を誇る。今どきの子どもたちが数字にこれほどこだわるのは、ほんとうに奇妙に思えるが、どうだろうか。

そして、すでにおわかりのように、それは子どもにかぎったことではない。結局のところ私たちは数字の動物で、数字を見ると自然にワクワクしてしまう。数字は神であり、悪の源としての富であり、また同時にポルノでもある。その通貨は私たちの体にも、脳にも、そして共通の歴史にも、しっかりと組み込まれている。

私は最近、エクササイズの動画をインスタグラムに投稿した。特別なことは何もなく、よく投稿している。ところがその動画が特別だったのは、数日のうちに再生数が3万回に達したことだった。いつもの1万回前後よりはるかに多い。その後まもなく再生数はさらに増え、4万回になった。後から考えてみるとただのタイミングの問題にちがいなく、それは休暇シーズンのはじめだったから、世の中の人々は何も考えずにインスタグラムをスクロールする以外やることがなく、そのうえエクササイズの刺激を求めていただけなのだろう。それでも私は次の動画を撮影するとき、もう少し張り切って体を動かし、再生数は5万回になるかもしれないと期待した。残念ながら結果はいつもと同じ1万回だったのだが、私はもうそれでは満足できなくなっていた。

それからというもの、動画を投稿するたびに同じ気持ちにかられるようになった。たったひとつの動画への反応で、私はすっかり欲張りになってしまったのだ。ときには再生数がいつもの2倍になることがあっても、まだかつて手にした4万回に比べれば取るに足りない。結局、少しすると「そんなことをして何の意味があるの?」と思いはじめ、動画を撮るのをすっかりやめてしまった。

（ミカエル）

お金とそれをもっと多く求める気持ちが中毒になって、依存状態を生み出すことを考えれば、他の数字が私たちに何をするのかも自らに問いかける必要があるだろう。トルビョルン・ホストマーク・ボルゲの話からは、彼がストラバの数字にどれだけ元気付けられ、頼りにしたか、そしてやがてその気持ちが暴走しはじめ、最後には脚をすっかりダメにしてしまった経緯がわかる。パルベス・イクバルからは、息子のヌールがＴｉｋＴｏｋに投稿した動画につく「いいね」にどれだけ元気付けられ、やがてそれを増やすことに夢中になった挙げ句、自らの命を絶ってしまった話を聞くことができる。

こうして数字は通貨となり、お金よりはるかに広範囲にわたって暮らしの中に入り込んできた。今ではアルファベットのどの文字をとっても、それではじまる計数装置やサービスの名前を思い浮かべることができる。Tはどうだろう？ Twitter（現X）、Tinder、TikTok、Tripadvisorがある。ではBは？ BMI、Betsson、Booking.comが思い浮かぶ。

まだまだ続けられるだろう。

自分が今では数字資本主義者になり、四六時中、より多く、より高く、よりよくを求めていることを、素直に認めよう。そうやって必死に求めた数字は、社会的地位や自信から特別サービスや金銭的利益まで、あらゆるものと交換可能だ。数字は人を刺激し、ワクワクさせる一方で、残念ながら少しだけ、モラルと社会性を低下させる。そう、数字はすべての人にとってあまりにも重要なものになったので、それが非常に具体的で、客観的で、正直で、真実なのはよいことだ……。詳しくは次の章で検討することにしよう。

私は息子のダンテといっしょに、パンデミック中に上映回数を減らしてようやく再開した映画館に行った。２人とも映画が大好きで、封切りが大幅に遅れていた『TENET テネット』をとても楽しみにしていたのだ。そして2人とも大いに満足して帰ってきた。私はその後、この映画の評論を見ないようにしていたが（何しろすでに教訓を学んでいたので）、この映画のチケット売上が期待外れだとする見出しをクリックしたい気持ちを抑えることができなくなった。すると、期待外れだとされたのは、チケット売上が新記録にほど遠く、過去10年間の興行収入トップ10にかろうじて入っただけだからだとわかった。この記事を読んで違和感があったのは、まずこの映画が新記録を樹立しなかったから期待外れだとしたことだった（すべての映画が新記録を作れるわけではないだろう？）。そして第二の違和感は、映画館の定員の半数にも満たない入場者しか入れないパンデミックの真っ最中にこれほどのチケット売上を記録したのに、まだ期待外れとみなされたことにあった――数字というのは、なんという欲張りな存在なんだろう。だが何よりも大きな違和感は、おそらく、私たち2人がこれほど満足して好きになった映画の売上があまり多くなかったと知って、自分もがっかりしていると気づいたことにあった。「あの映画より、こっちのほうがよかったのに？」

（ミカエル）

数字がもたらすプラスの効果

こうして、私たちは誰もが数字資本主義者になっていることがわかった。でもそれはあまりにも悲観的で、ディストピアに傾きすぎる考え方ではないだろうか。これからの世界では、自分の手元にあるフィットビット、スマートフォン、マットレス、ソーシャルメディア、車、自宅から発信された数字が、割引、金銭、地位、そしてモラルの低下につながっていくのだろうか。この章の終わりにきて、少しだけ元気になる考え方はないのだろうか。通貨として機能する数字にも、プラスの効果がありそうではないか?

もちろんある。私たちはたいてい自分自身より数字を信用するので、数字は不確実性と偏見によって最悪の状況が生み出される事態から、私たちを救い出せるのだ。

人が自分たちとは異なる人たちについてどう考えどう行動するかには、それぞれが生まれ持った偏見が関与していると言われる。たとえば、エアビーアンドビーで家主が異なる民族グループ(「彼ら」)に属している場合には、「私たちと同じ」(同じ民族グループに属している)家主より支払われる金額が少ない。私たちはこれをノルウェーで検証した。合計1600人が参加した3回の実験で、まったく同じアパートで家主が異なる場合にノルウェー人がどのように反応するかを調べたのだ。その結果は悲観的なものだった。まったく同じ民家を提示されても、家主が西欧人以外の少数民族の出身者だと、参加者はそのアパートに否定的な見方をし、その家を選ぶ確率は25％低くなった。

それでは、他の宿泊客の経験に基づいて1個から5個までの星がつくという形式で数字を導入すると、どうなるだろうか？ 数字が何かの役に立つだろうか？ もちろん、実際に、大いに役立つ——星5つの評価がつくと、不確実性と偏見は朝日に照らされた露のごとく消え去り、民族グループと家主の選択で見られた25％の差は、ゼロになった。

こうしてありがたいことに、通貨としての数字がもっているのは、暗いディストピア的側面だけではない。もし数字がなければ偏見と不確実性に基づいて決定してしまうリスクに直面する状況でも、数字が私たちを導き、感情を抑制してくれるのだ。

こうした肯定的な側面は別にして、数字資本主義に効くワクチンは簡単に見つかりそうもない。世界に背を向けて森の中に引きこもり、松ぼっくりとベリーだけで生きていくわけにもいかないだろう。それでも、ワクチンとなるいくつかのアドバイスを持ち帰っていただきたいと思う。

1　数字をお金と交換する前に、よく考えること。グーグルやアップルなどの企業が、自分と自分の家族、そして自分の健康について、すべてを把握している状態がほんとうに望ましいのか、じっくり考えてほしい。

2　自分がもっている数字という財産を、健康、懐具合、ソーシャルメディアのどれに関するものでも、毎日毎日チェックするのをやめること。そんなことをすればストレスが増すだけでなく、自分のことばかりに夢中になって、モラルを失っていく。

3　自分が一番好きなワインは自分で見つけること。アプリに頼ってはいけない。少なくとも、それを決めるのにＤＮＡを提供しなければならないアプリには、絶対に頼らないこと。

4　ソーシャルメディア上の数字が、自分にとって内容よりも重要になったら、そのアプリを削除すること。

5　20歳を超えている読者は、チャーリー・ダミリオのＴｉｋＴｏｋ動画を真似た動画を投稿しないこと。ただばかげて見えるだけだ。それに、そんなことをしても自分が裕福になれるわけではない。

数字が新しい種類の資本主義を生み出し、それが個人的にも社会的にも私たちに影響を与えているというだけで怖気づいているわけにはいかない。私たちは真実を解釈して認める際にも、数字の影響を受けていないかどうかを自問する必要がある。次にその点についてもう少し詳しく見ていき、信頼と共感に数字がどんなふうに影響を与えるのかという、前にあげた疑問に立ち戻ることにしよう。

第8章 数字と真実

「抜き出された数字」が意味するもの

スウェーデンのレイプ発生率は世界で最も高い。少なくとも、2016年8月のある金曜日の朝、イスタンブールの国際空港に設置されたニュース画面に映し出された文字を読むかぎりでは。このニュースはその日のうちにスウェーデンからオーストラリアまで、世界中の国々で見出しを飾り、BBCでもロイターでも取り上げられた。一方でこのニュースは、意図的に世界に広めるために戦略的に空港で伝えられたものだという考察がなされた。スウェーデンの外務大臣がその5日前に、トルコで未成年との性行為を自動的にレイプに分類してはならないという法律が制定されたことについて批判的な公式声明を出しており、ニュースが出たタイミングが疑わしいほど近かったからだ。そして間違いなく、もしそのニュースに数字が含まれていなければ、それほど大きな国際的影響を及ぼすこともなかっただろう。数字の出典はスウェーデンによるレイプ統計で、他の国の数字と並べて比較されており、たしかに他国よりも大きかった。スウェーデンの専門家によれば、これはスウェーデンの法律のほうが厳しいからで、またスウェーデンではレイプが通報されて有罪判決を受ける割合も高く、並べて比較しても意味がないものだ。もちろん、レイプの全発生件数のうち実際に通報される割合を示す数字は示されていなかった。

一方で、レイプ統計から抜き出された数字だけはしっかり根を下ろしてしまう。そして翌年には再び世界中のニュースで、「スウェーデンは世界のレイプの首都か?」という問いが見出しを飾ることになった(この見出しを書いた人は、スウェーデンが都市ではなく国であることに気づいていなかったようだ。そこには数字がついていないからかもしれない……)。そのときは欧州議会のイギリスの議員が亡命希望者を受け入れるかどうかの議論でこの数字を持ち出したもので、スウェーデンで報告されているレイプの件数が近年、この国が受け入れている難民の増加に歩調を合わせて増加していると指摘した。この期間にスウェーデンはレイプの定義を広くする措置をとったが、イギリスの政治家はその点も考慮に入れることはなかった。もちろん、新しい定義が採用される前のレイプ件数を新しい定義に沿って計算しなおした数字はなく、世界の人々が確実に知ったのは、スウェーデンでは通報されたレイプ件数が高いということ（そして数年にわたって急増していること）だけだ。

数字が人々の注意を惹くことを私がはじめて実感したのは、『*Monster*（モンスター）』という本を書いて、連続殺人犯の数が世界中で最も多い国がなぜアメリカなのかを探ろうとしていたときのことだ。なぜ、たとえば、はるかに人口が多い中国やインドではないのか。また、やはりとても広大な国土をもつロシアには、なぜほとんど連続殺人犯がいないのか。

何種類かの説明を考えることができた。たとえば、アメリカではテレビで放映される暴力場面が非常に多いというのはどうだろう。ところが、いくつかの国でその数を比較しようとして、挫折した。他の国には、連続殺人犯の数が見つからなかったからだ。その数を知ることができたのはアメリカのみで、もちろん世界で最も多かった。そしてテレビでの暴力場面の増加と連続殺人犯の増加との関係を見極めようとすると、

1970年代より前にさかのぼることができなかった。その時代より前にアメリカに連続殺人犯がひとりもいなかったのは、おわかりの通り、まだ定義されていなかったからだった。

（ミカエル）

数字は真実と見なされる

数字に反論するのは、たとえそれがまぎれもない真実ではないとしても、難しい。数字は私たちが信頼する真実の一部だからだ。「ほとんど」や「たくさん」が意味するものは人によって考えが違ってもよく、意見の一致は必要ないが、数字は誰にとっても同じものだ。それはまぎれもない真実ではなくて真実の一部であっても、唯一の真実になる。

たぶん、あのレイプの見出しが思い浮かぶだろう。数字の一部を覚えている人までいるかもしれない。でも、その数字の出典を覚えているだろうか？　たしかに出典はあまり問題にならない。数字はどこから出たものであっても、誰にとっても同じなのだから。

では、その数字が実際には架空の研究所によって発表されたものだと言われたらどうだろう。それでも、からかわれているだけだと思うかもしれない——実際にその通りだ（申し訳ない……ちょっと言ってみたかった)。数字はスウェーデン犯罪防止委員会が発表したもので、たしかに信頼できる。けれども、ほんの一瞬、迷わなかっただろうか。

研究によれば、数字が書かれていない新しい記事を読んだ人は、出典に基づいて言葉の信頼性を判断する。ところが記事に数字が含まれていると、その数字の出典はほとんどまったく意味をもたない。他の人が話したり信じたり考えたりしていることについては、それぞれその人なりの真実だとみなすのだが、それが数字だと、疑う余地のないもの、必要とされる唯一の真実だとみなしてしまう。

これを示す具体的で少し気がかりな例として、参加者に2種類のニュース記事を読んでもらった研究がある。インドネシアで起きた地震の被災者に関する内容で、一方の記事には統計の数字が示され、もう一方の記事には数字がなかった。研究者が参加者の目の動きを測定して判断した結果、統計の数字が含まれた記事を読んだ人の場合は、災害の状況と被災者の様子を伝える写真を見る時間が短くなった(そして、被災者を支援するために寄付したい金額を尋ねると、その金額は低くなった)。

数字があると深く考えなくなる

数字があると、私たちはあまり深く考えなくなるというリスクが生じる。数字が含まれたニュースと数字がないニュースの2種類を被検者に聞いてもらいながら脳スキャンをした実験の結果を、それで説明できるだろう。数字が含まれたニュースを聞いた被検者の脳では、前頭前野の活動が少ないことがわかった。前頭前野は、共感を育み、視点を変えて物の見方に変化をつける能力をコントロールする脳の部位だ。研究者たちはこの実験の結果として、数字が被検者の脳の活動を停止させたとまで書いている。

ニュースの書き手にも、同じようなことが起きるようだ。10万を超えるニュース記事およびソーシャルメディアへの投稿を調べたアメリカの内容分析によれば、ジャーナリストが伝える数字が大きければ大きいほど、使用する感情的な表現が少なく、弱くなっていた。数字が大きいほど、自分自身の個人的な見解を示す必要が減っていくらしい。

私たちの間に蔓延している数字という伝染病では、このことが大きな影響を及ぼす可能性がある。とりわけ、マスメディアの研究者が気づいているように、数字を伴うニュースにより大きなスペースが割かれており、またジャーナリストはどんな数字であれ数字を含んだニュースを伝えたがるからだ。研究者たちはこれを数字のパラドックスと呼ぶ――ジャーナリストは、数字ならいつでも検証でき、誰でも確認できるとみなしているせいで、数字を用いた内容では真実を立証する必要が少ないと感じる。その結果、数字は真実だという逆説的な結論に達するのだ。

だが、すでにおわかりのように、数字はいつも真実だとはかぎらない。

偽の数字と「アンカリング」

数字は捏造が可能だ――たとえば、この本はすでに世界で500万部売れた（そんなことは――まだ――ないが、私たちがその数字をでっち上げるのは簡単だし、そうすればなんだか元気が出る）。あるいは、2007年にニュースの見出しが断言したところによれば、巨大な車「ハマー」にかかるエネルギーコストは1マイルあたり1・95ドルに過ぎないのに対し、「プリウス」の場合は1マイルあたり3・25ドルだ（ただしこの数字を示した広告代理店によれば、ハマーは35年間乗り続け、プリウスは12年間乗り続けた場合のコストになる）。あるいは、ペンタゴンがベトナム戦争中に好意的なニュースの見出しや一般大衆による戦争への支援を期待して記者に提供していた、捕らえた兵士や武器に関する数字と統計はどうだろう。

ロシアの近隣国で暮らす私たちノルウェー人は、2022年2月24日にロシアがウクライナへの侵攻を開始したとき、テレビとスマートフォンに釘付けになった。まもなく、「キーウの幽霊」に関するニュース記事がソーシャルメディアと信頼できるニュースチャンネルの両方に登場し、私は大いに興味をそそられたものだ。キーウの幽霊とは、ウクライナ軍に所属するMiG-29戦闘機のパイロットにつけられたニックネームで、侵攻開始から30時間以内にキーウ上空で6機以上のロシア軍機を撃墜したと報じられていた。この幽霊は、Su-35多用途戦闘機2機、Su-25攻撃機2機、さらにSu-27戦闘機とMiG-29戦闘機を1機ずつ撃墜したというのだ。また2月27日にはウクライナ保安庁が、キーウの幽霊は10機の戦闘機を撃墜したとフェイスブックに投稿している。その後数週の間にさまざまな報道機関によって、この神話的な戦闘機乗りが40機もの戦闘機を撃ち落としたと伝えられた。

こうした正確な数字は、キーウの幽霊が空中戦に勝利するコンピューター生成の動画にも支えられて、この物語が明確で信頼できる本物だとする主張を後押しするのに役立った。数字と動画はソーシャルメディア上で山火事のように瞬く間に燃え広がり、ウクライナ軍の公式ツイッター（現X）アカウントでも共有されている。だがのちにウクライナ空軍司令部が、キーウの幽霊はスーパーヒーローの伝説的人物であり、インターネット上で広まった動画は2013年のビデオゲーム「デジタル・コンバット・シミュレーター（DCS World）」を基にユーチューバーが作成したと認めた。

（ヘルゲ）

それはかつてプロパガンダと呼ばれ、現在では「フェイクニュース」と呼ばれるものだ。そして数字を用いるのが古典的なプロパガンダの秘訣だったのと同じように（グーグルで「プロパガンダ」を検索すると、プロパガンダを見分ける方法の上位に数字があり、残念ながら自分でプロパガンダを作る際にも同じく数字が役立つ）、数字はフェイクニュースでも両方向に（見分けるにも作るにも）有効だ。

何しろ、人は数字がほんとうだと思うかどうかにかかわらず、数字に影響されてしまう。スウェーデンにある人口30万人あまりの都市マルメでの銃撃事件を例にとってみよう。次のどちらの数字が妥当だと思うだろうか？

1年に600人が射殺される？

1年に10人が射殺される？

1年に600人が正しい数字だと答えるのでは、多すぎると感じるにちがいない。同じ都市で毎日ほぼ2人が射殺されるようなことはないはずだ。ところが、これらの数字を選択肢として提示して実際の数字を予想してもらうと、正しい数字は0人か10人のどちらだと思うかと提示した後で予想してもらう場合より、ほとんどが大きい数字を答える。選択肢の数字が小さければ0から10までの範囲の数字を答え、55人や78人とは答えないだろう。

出会った数字は、それがほんとうの数字かどうかに関係なく、基準となる枠組みを生み出す。私たちはそれをテストしてみたからたしかだ。

マルメでの銃撃事件が最も頻繁に報道されているときに（それはたまたまスウェーデンの国会および地方議会選挙の直前だったのだが）、私たちは無作為に選ばれた1000人余りのスウェーデン人を2つのグループに分け、一方のグループには600人が射殺されているという私たちの主張に対して答えてもらい、もう一方のグループには10人が射殺されているという主張に対して答えてもらった。大きい数字を見たグループは、それでは多すぎるから誤った数字だと考えた（私たちはほっとした）。だが自分で実際に平均値を予想すると、その値は小さい数字を見たグループ（数字に、より信憑性があるとみなしたグループ）の、ほぼ2倍になった。大きい数字を見たグループはまた、この都市の不安感と不確実性がより大きいと考えた。数字を信じなかったにもかかわらず、その数字は真実だと思う見方に影響を与えていたのだった。

心理学者はこれを「アンカリング」と呼んでいる。私たちは何かについて自分自身の考えを構築するとき、それを進める際の理解の拠り所となるアンカー（錨）を必要とする。そして数字は脳内のニューロンまで素早く進んでいくので、その考えが根づいて自分の判断に影響を与える前に――たとえそれが間違えているとわかっているときでさえ――自分の立場を主張するような時間はない。

たとえば、今後10年の間に核戦争が起きる確率が90％より大きいと思うか小さいと思うかと聞かれたなら、おそらく小さいと答えるだろう。また、確率が1％より大きいか小さいかと聞かれたら、大きいと答える人が多いのではないだろうか。だがその後、自分で確率を考えるように言われると、直前の質問に影響されてしまう――1％の質問をされた後より90％の質問をされた後のほうが（90という数字が脳裏に焼きついているせいで）高く予想することになるのだ。この実験を行なった研究者は、まさにそのような結果を手にした――実験をやりなおし、核戦争がどのようにして起きるかを考える質問を加えた場合も、

90と1という数字には何の根拠もないのだと伝えた場合も、結果は同じだった。何度繰り返しても、大きいほうの数字を見た後の人は、確率をおよそ25％（！）と予想した一方、小さいほうの数字を見た後の人はおよそ10％と、かなり低く予想した。

自分では誤った数字による影響から逃れたと確信し、独自に予想する数字がさらに確実なものになったと感じると、実際にはもっとおかしなことになる。サンパウロ・スクール・オブ・エコノミクスの学生たちに、証券取引所に上場されている大企業の価値を推定するという課題を与え、最初に（高すぎるまたは低すぎる）一定の値より上か下かを判断しなければならない状況に置くと、示された値によって推定値が影響を受けたのは驚くにあたらない。ところがそれらの学生たちは、事前に別の数字を見せられなかった学生たちによる推定値（実際には正解にずっと近かった）よりも、自分たちの推定値（ほとんどが不正解だった）に大きな自信をもつこともわかった。その値に、お金を賭けてもいいとさえ思ったようだ。

こうして、私たちは2回も数字にだまされるわけだ。まず、それを信用するかしないかで影響を受ける。そして信用しないとなると、今度は自分自身が正しいと思う（実際には影響を受けている）ものに、より強い確信をもつようになる。

1990年代に人工甘味料のニュートラスイートが含まれているものを食べようとしなかった人は、私の他にもいるだろうか？　脳腫瘍の原因になる可能性があると研究者たちが言ったからだ。ニュートラスイートがどのようにして有害とみなされたかという物語は、まったく正しい数字でも新しいやり方で結びつけられれば簡単に私たちを惑わすことになるという、興味深い話だ。1980年代はじめにニュートラスイートが発売された後の3、4年間に、気がかりなほど脳腫瘍が増加していることに研究者たちが気づいた。そこでこれについて行なった研究の結果を、『*Journal of Neuropathology and Experimental Neurology*（神経病理学・実験神経学学術誌）』に発表した。研究の基礎になったデータはすべて正しいものだったが、彼らが導いた結論はまったくの誤りだった。チャールズ・サイフェが著書『*Proofiness*（プルーフィネス）』で鮮やかに説明しているように、1980年代にはその他にも数多くのものが劇的に増加した——ソニーのウォークマン、トム・クルーズのポスター、肩パッド、「ドンキーコング」ゲーム、そして政府の支出もだ。実際のところ、ニュートラスイートの販売高と政府の支出のほうが、ニュートラスイートと脳腫瘍の数よりも強いつながりをもっている。わかってもらえているだろうか？　実際の数値の間の相関関係を因果関係とみなしてしまうという、この古くからある落とし穴のせいで、誤った報道記事、見せかけだけの真実、そして陰謀論が、信じられないほど増えてしまった。

（ヘルゲ）

これだけではまだ足りないかのように、数字は実体とのつながりさえ必要としなくなっている。人間は数字の動物で、手に入る数字には、それがどんなものかに関係なく本能的に反応してしまうのだ。よく知られたいくつかの実験では、コーネル大学とハーバード大学のビジネススクールの学生が、架空のバスケットボール選手スタン・フィッシャー（背番号は54または94）が次のＮＢＡの試合で得点を何点あげるか、または町に開店した架空のレストラン（店の名前はスタジオ17またはスタジオ97）の夕食にいくら使うかを予想した。すると、背番号が大きいスタン・フィッシャーのほうが試合ではるかに高得点をあげ、店の名前に大きい数字がついているレストランで学生が予想した夕食代のほうが高額になっていた。

これは実に恐ろしいことだ。私たちが暮らしの中で四六時中目にする数字がニューロンにしっかりアンカーを下ろし、同時に起きている別のことに関する理解と決定に影響を与えているとしたら？

歩数計に表示された大きい数字を見た後には、ＡＴＭで引き出す金額が増えるとした

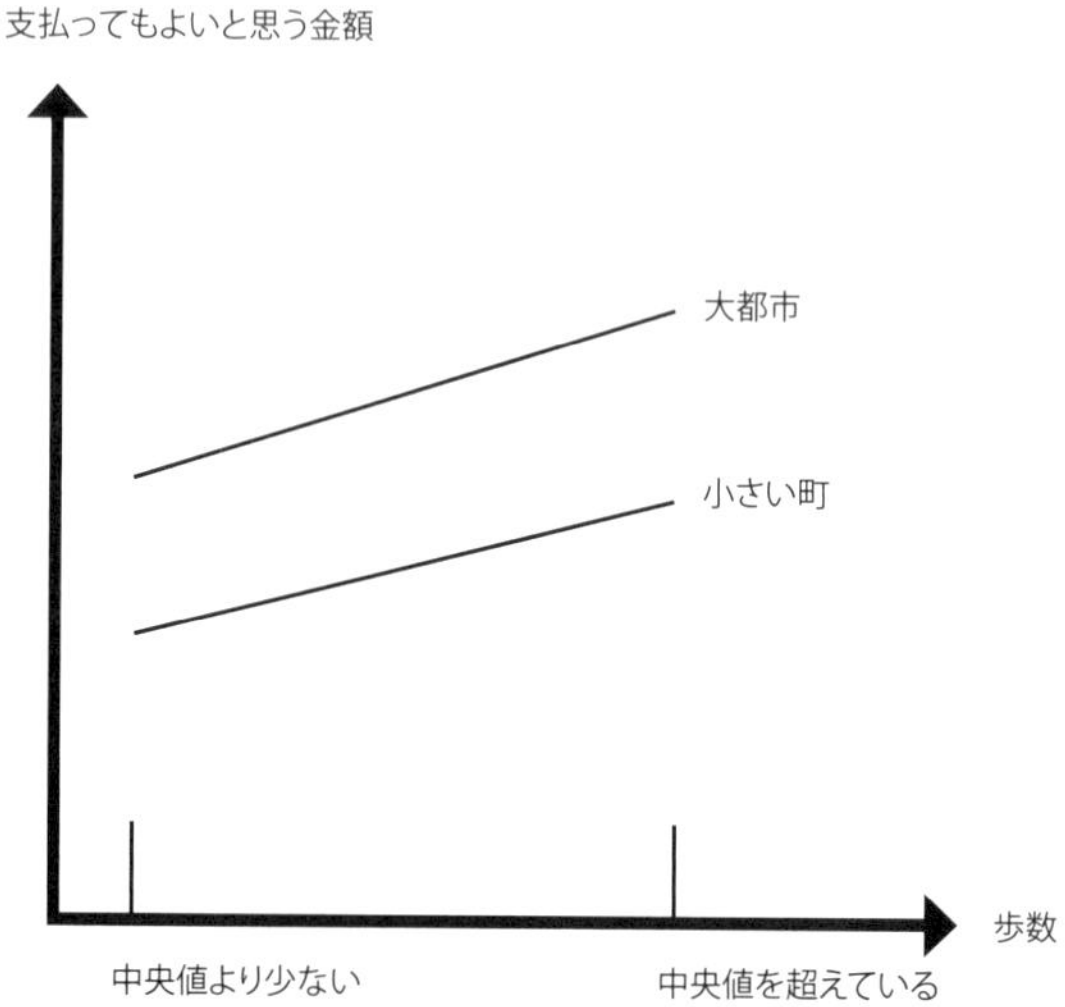

ら？　インスタグラムに投稿した最新の写真についた「いいね」が多いと、オークションサイトのイーベイや不動産情報サイトのレッドフィンに、いつもより高い金額を入力してしまうとしたら？

私たちはこの点に興味をそそられ、およそ1500人の参加者を集めて実験を行なうことにした。まず、その日に歩いた歩数を書いてもらった（大半はスマートフォンに入っているアプリで自動的に歩数を記録できているが、ない人にはがんばって歩数を推測してもらった）。次に、自分が暮らしている都市の1ベッドルームのコンドミニアムに支払ってもよいと思える金額を書いてもらった。さて、結果は？　書いた歩数が多い人ほど、コンドミニアムに支払おうとする金額も大きかった。もしかしたら、大きい都市に住んでいる人ほどたくさん歩き（どこに行くにも距離が長いため）、大きい都市ほど住宅費も高いからだと思っているかもしれないが、私たちはその点もきちんと考慮していた。そして、歩数が多い人ほど、都市とは無関係に、より高い金額を支払おうという気になっていた。ただし、たくさん歩いた人は自分が有能だと感じ、コンドミニアムにより多くの金額を支払おうとすることによって、自分に「ご褒美」を与えようとした可能性もある。だが、自分が暮らす都市の1ベッドルームのアパートメントの平均価格を推定してもらっても、結果は同じだった。

もし、自分の周囲にある数字の大きさを常時アルゴリズムが感知して、それに応じてフェイクニュースや広告の内容を変えられたら（今や、ジョージ・オーウェルの『1984年』を思わせる世界に少しだけ近づいているようだ）？

ある意味、このような状況はすでに起きている。ソーシャルメディアのアルゴリズムは閲覧数、コメント数、シェア数のような形の数字に反応し、これらの数が多い投稿に、より大きなスペースを与えている。それに、すでに見たように、数字が含まれているニュースのほうがクリック数が多く、数字による二重の効果が生まれる――投稿に含まれている数字がクリック数を増やし、その結果としてアルゴリズムがその投稿をさらに広める。数字がセンセーショナルで、議論を呼び起こすようなものであれば——たとえば「スウェーデンは世界のレイプの首都か？」といったものならば——その影響力はおそらくもっと大きく、フェイクニュースは大成功するだろう。

「いいね」が招く偽の信頼

残念なことに、人間はアルゴリズムのように活動する——そのせいで私たちは、フェイクニュースの中の数字に影響されて、また別の方向に導かれていく。ニュースの中の数字から逃れられないだけではなく、何人がそのニュースを見て「いいね」を押したかという形で現れるニュースをめぐる数字からも、身を守ることができないのだ。研究によれば、人々はオンラインで多くの「いいね」を集めているニュースのほうが、「いいね」の少ないニュースより信頼できるとみなしている。その上、「いいね」の数が多いと、どのニュースが本物か偽物かを見分けるのが難しくなる。まるで大きい数字が批判的思考を妨げるかのようだ。本物のニュースと偽物のニュースに「いいね」がほとんどついていなければ、それらを見分けるのに同じような問題は起きない。

さらにばかげているのは、投稿を実際にクリックしたり読んだりしないで「いいね」を押したりコメントしたりする人が、ごく普通にいることだ。それならば、人々が影響を受ける「いいね」は本物である必要もなく、実際、数字が必ずしも「いいね」の形をとらなくても影響を受けている。閲覧数で十分だ。

私たちはある実験で、架空の人物に関する肯定的な投稿と否定的な投稿を被検者に見せ、それぞれに閲覧数を20または2000とする数字をつけた。すると、肯定的な投稿を読んだ被検者は、投稿の閲覧数に20より2000を目にした場合のほうが、この架空の人物をより肯定的に受け入れた。同じく、否定的な投稿を読んだ被検者は、閲覧数が100倍と知った場合のほうが、この架空の人物をより否定的にとらえた。それにもかかわらず、大きい数を目にした人も小さい数を目にした人と同じように、その投稿を他の何人が読んだかには影響されていないと確信していた（それどころか、他の人が数字に影響されたと確信する傾向が強くなった）。

数年前から、学術論文が他の研究者によって引用された回数を見ることができるようになった。その意図は立派なもので、どの論文が「洗練」されていて（とてもよい言い方だ）、継続的な研究にどれだけ重要な貢献をしたかを、研究者たちに伝える役割を果たしている。またその数字は自らを強化する力ももっていて、大きければ大きいほど、より多くの研究者がその論文を選んで読む（そして引用する）から、さらに大きくなっていく。論文の引用回数は、研究者が職につく際や昇進する際にも、その人の研究がどれだけ重要で強力かの指標として計算に入れられる。ただし私の場合は、控えめに言っても、複雑な気持ちをぬぐえない。私の論文で最も多く引用されているのは、広告にどんな見直しが必要かについて求めに応じて書いたもので、他の多くの研究者たちはそれがあまりにも極端な内容なので、自分の論文で反論しようと考えるのだと思う。この論文の数字がそれほど大きい理由のひとつは、他の研究者たちがその内容に同意していないからなのだ！

（ミカエル）

脳の頭頂間溝（ＩＰＳ）には、数量を原始的な生き残り本能と結びつける数字ニューロンがあり、私たちを友好的な人に引きつける一方で、友好的でない人には近づかないようにと警告するから、自分が見ている動画を他の何人の人が見たかによって影響を受ける傾向があるのは、おそらくＩＰＳのせいだ。ＩＰＳはまた、私たちが他の人の意図をどう解釈するかも支配する。数字は他人の行動を「翻訳」して、賛成か反対かの総意に変えるので、私たちは賛成なら加わり、反対なら警戒することになる。だが、他人の行動に意味は必要ない――この場合は、人々はただ投稿を目にしたというだけだ。おそらくとりわけ注意していなかったか、最後まで読まなかったか、どんな意見ももたなかったのだろう。反対の意見をもった可能性もある！

数字は人々にとって――まったく的外れな数字も含めて――重大な信号になる。ふつうは、2000人もの人と（たとえ20人でも）友達になるか逃げるかという、生死に関わる状況に陥りそうな人などいない。アマゾン川流域のムンドゥルクとピラハの人々が数字なしでうまくやっているように、同時に最大5人について細かいことを把握していれば、おそらく十分だ。

そして今では、ひとりの人物がどれだけ「有名」かを、フォロワーの数、閲覧者や視聴者の数、その人がすることについた「いいね」の数で判断できるようになったが、そうした数字が大きくなるにつれて、そのセレブリティの発言がより重要だと思ってしまう危険がある。「フォロワーが多いのだから、真実がいっぱい詰まっているにちがいない」――そうした考えは、以前にも言ったようにソーシャルメディアのフォロワーを買うことができるという事実によって、ますます不快なものになる。

同じように、一種の「数字精神症」から生じる抗議行動もある。それは、自分自身で考えたからではなく、とてもたくさんの他の人たちがその問題を重要だと思っているようだからという理由で、その方向に引きずられるものだ。

チョコレートの詰め合わせの箱「アラジン」からプラリネチョコレート「トリリンナット」の姿が消えたときのことは、よく覚えている。オンラインで反応した何千人もの人たちの悲鳴にも似た抗議の声を、新聞が伝えたからだ。チョコレートメーカーが「トリリンナット」を詰め合わせから除外することにしたのは、他のプラリネチョコレートより製造原価がはるかに高かったからだが、その声を聞いて単独の商品として販売することを決めた。だが残念なことに、実際に買う人はとても少ないことがわかり、まもなく販売をあきらめざるを得なくなった。あの抗議の声については、何も言うことはなさそうだ。

（ミカエル）

この章の締めくくりとして、真実の歪曲に対抗する数字ワクチンをいくつかあげておこう。

1　数のパラドックスを忘れないこと。数字がただ検証可能だからといって、検証されているとはかぎらない。

2　数字が真実であっても、まぎれもない真実にはなり得ない。

3　数字には気をつけること。数字は人々の共感を減らし、最悪の場合は重要なメッセージを台無しにしてしまうこともある。

4　数字は頭にしっかりアンカーを下ろして固定され、自分ではそれが無関係または実際に間違えているとわかっていても影響を受けてしまうことがあるので、注意すること。

5　メッセージを取り囲む数字は、その内容に含まれている真実については何も語っていないのを忘れないこと。たくさんの人がそれを見たから、あるいは伝えている人にたくさんのフォロワーがいるからといって、それがより重要だ、あるいは正確だということにはならない。

第9章

数字と社会

政治家に都合よく用いられる数字

数字を真実とみなしてしまう考え方を、もう少し深く探ってみることにしよう。数字はどんなふうにして人の心の中に「張りつき」、人を誤った方向に導き、ときには単純に間違っているのか。また、人はどんなふうにして、たとえ数字が間違いだとわかっているときでさえその影響を受けてしまうのか。

まだ話は終わっていない。

この本ではここまで、数字が個人としての人間にどれだけ影響を及ぼすことがあるかについて、いろいろな話をしてきた。一人ひとりのセルフイメージ、意見、実績と人間関係、意欲と幸福に与える影響だ。だが個人に影響するものは、もちろん、集団にも影響を与える。数字がどのように人々の暮らしを導くかについて書いた本は、同時に、数字がどのように社会全般に影響を与えるかの本にもなるのだ。ほんの少し、あたりを見まわせば、社会的視点は常にそこにある。

社会は数字によって統治されている。そして企業の幹部、裁判官、政治家、役人が決断を下すとき、最後の一言として選ぶのはほとんどいつも何かと言えば？　そう、数字だ。しかもその数字は、誤っていたり、誤って解釈されていたりすることも多い。的外れな数字やでたらめな数字のこともある。あるいは、語ってほしいと思う物語を語ってくれる数字の場合もある。

2015年イギリス総選挙キャンペーンの、よく知られた例を見てみよう。デービッド・キャメロン首相は直前の税制変更のおかげで94％の家庭の暮らし向きがよくなったと主張し、労働党のエド・ボールズは付加価値税の引き上げによって子どものいる家庭の支出が1800ポンド増えたと断言し、副首相のニック・クレッグは2700万人の所得税支払いが825ポンド減ったと宣言した。間違えていたのは誰か？　誰も間違えてはいない。実際には、それぞれが数値と統計値を独自に、とても選択的に利用していただけで、3人とも正しかった。

また、2016年のアメリカ犯罪統計についての議論はどうだろう。ドナルド・トランプはあるグラフをリツイートして、殺人事件の犠牲者だった白人のうち81％は「黒人」によって殺されたと、誤った主張を繰り広げた。（そのグラフは「サンフランシスコ犯罪統計局」という名前の何かを引用していた）。その数字は当然ながら劇的かつセンセーショナルで、とりわけFBI独自の犯罪統計と比べると、驚くべきものだった。FBIの統計には正反対の数字があり、殺人事件の白人の犠牲者のうち80％は、別の白人によって殺されていたからだ。それにもかかわらず、その数字は野火のようにじわじわと広がっていった。トランプ本人は、その数字が100％ナンセンスらしいという事実に直面したとき、FOXニュースの司会者ビル・オライリーにこう言っていた。「へイ、ビル、私は統計をいちいちチェックしなくちゃいけないっていうのかい？　ちなみに、@realDonaldTrumpには何百万、何千万という人たちがいるんだよ」

数字はしっかり脳に張りつく

数字が生まれもった性質のひとつは、強力瞬間接着剤を使ったかのように、脳にしっかり張りつくという点だ。そして特定の数字が記憶に残り、そこから永久に消えなくなる。30歳を超えている読者なら、たいていは子ども時代の自宅の電話番号をまだ覚えている可能性が高い。はじめて買った車のナンバープレートの番号も忘れないだろう。いくつかの数字が脳に滑り込んでしっかりとアンカーを下ろす一方、その他の数字は知らず知らずのうちに通り過ぎていく。数字はまた、人が毎日下している判断にも本人が気づかないまま忍び込む。望む、望まないにかかわらず、数字が「ものさし」になっている。

私たちの判断が、たとえば1年間に射殺される人の数のように、見たり聞いたりする数字にどれだけ影響されるかはすでに述べた。そしてそれに似た例はたくさんある。たとえば、キリンの成獣の体重はどれくらいあると思うだろうか。キリンの専門家でなければ——そのような読者はほとんどいないと思うが——あてずっぽうで言うしかない。そんな状態でヒントや何らかの基準を与えられると、きっとそれに沿って答えを考え出す。もし、キリンの体重は2000ポンドより重いと思うか軽いと思うか尋ねられた後、では体重を当ててみてくださいと言われれば、全体として重い体重を答えるだろう。けれども、キリンの体重は６００ポンドより重いと思うか軽いと思うかを尋ねられた後なら、答えに選ぶのはそれよりずっと軽い体重になる。

マルメで射殺される人の数でも、核戦争の確率でも、証券取引所に上場されている企業の価値でも、キリンの体重でも、私たちは常に数字が固定された「アンカーポイント」に近づいていく。そしてアンカーとなった数字は、それが誤っていても正しくても、意識していても無意識でも、私たちの毎日の決定に影響を与えている。

エイモス・トヴェルスキーとダニエル・カーネマンは、いち早くこの現象に気づいて研究をはじめた（カーネマンはのちにノーベル経済学賞を受賞している）。彼らの実験のひとつでは、参加者はまずルーレットの円盤が10か65のどちらかで止まるのを見てから、次に国連全体でアフリカ諸国が占める割合を推定して答えた。すると、ルーレットが小さいほうの数字10で止まったのを見た参加者は低い数値（平均25％）と答え、大きいほうの数字65で止まったのを見ていた参加者は、平均で国連加盟国の45％がアフリカ諸国だと答えた。このように参加者たちは、推定とはまったく関係のない完全に無作為な数字によって、思いもよらぬ影響を受けていた。何はともあれ、数字は脳に忍び込んでいる。

それがどれほど重要な意味をもつのかと、疑問に思っている人もいるかもしれない。数字がキリンの体重（約１５００ポンドから２５００ポンド）や国連加盟国に占めるアフリカ諸国の割合（28％）の推定に影響を与えていても、大きな社会問題とは言えないのではないか。

たしかに、おそらく言えないだろう。

けれども自分の脳にしっかり定着した数字が、自国が対応できる移民の最大数だとしたら？　あるいは、今後10年間の住宅ローンの予想利子だとしたら？　犯罪者の懲役年数なら？　急に、なんだか面倒なことに思えてくるはずだ。

それにここで「アンカリング」がどのような働きをするかについても、かなりのことがわかっている。一連の研究によれば、裁判の早い段階で提示された数字は、望ましい刑罰や賠償金の提案などどんなものでも、陪審員と裁判官の両方に体系的に影響を与える。その数字が小さければ、懲役年数が短くなることが多い。数字が大きければ、被告人に言い渡される懲役年数が長くなるリスクがある。他に情報がない場合、私たち人間はアンカーおよび基準点として数字を利用する。そして、そのアンカーがいったん人の記憶に足場を得ると、そこから離れて進むのはとても難しいこともわかっている。

政治家が触れる数字についても同じことが言え、中でも政治家が有権者に示す数字ではその傾向が強い。張りついて離れなくなる。

たとえば、アンカリングは専門家による経済予測、主要比率、将来の展望にも影響を与えることが、研究で立証されている。プロフェッショナルが予測するマクロ経済のさまざまな単位——金利、為替レート、経済成長予想——は、政治家にとっても民間の意思決定者にとっても非常に重要なものだ。もしこれらの予測値が、関係する数字や無関係な数字の影響を受けるとすれば、政治家の誤った判断を招くリスクが生じる。

さらに政治家が私たちに示す数字は、正確か不正確かにかかわらず、また意識的にも無意識にも、私たちの判断を変える力をもつ。トランプが発信した気まぐれな数字、そしてそれらがアメリカの有権者に与えた影響の大きさを考えてほしい。2019年に実施されたスイスの研究によれば、人々が自国に受け入れてもよいと考える移民の人数は、示されるアンカー数の違いに応じて体系的に変化した。アンカリングの効果は非常に強く、どの政党がその数字を用いるかは関係なかった。どんな場合にも、それは個人に影響を与えたのだった。

いくつかの研究の結果、数字のアンカリングはかなり強固な現象であり、経済的あるいは政治的な決断から、マハトマ・ガンジーの年齢や性交渉の持続時間、ウォッカの氷点の推定まで、まさにあらゆるものに関する結果に影響を及ぼすことがわかっている。

また、アンカーが他人からもたらされたものでも（「仲介業者は、似たような家が50万ドルで売りに出ていると言った」）、自分自身の考えから出たものでも（「その家は少なくとも60万ドルの価値がある」）、判断に影響を及ぼす。手持ちのテレビを1000ドルで売りたいと思ったら、2900ドルで手に入れたものだと広告に書けば、買い得品に見えるだろう。誰かから100ドル借りる必要があれば、500ドル借りたいと頼んでみることだ。はじめにやんわり断られたら、100ドルでいいと言えば大金だと感じられなくなる。

ところで、自分の判断がアンカーの数字にどれくらい惑わされるかは、生まれつきの性格によっても決まることを知っていただろうか。全体として素直な性格の人は、基準となる数字により大きく影響される。一方、「権威を疑え」の精神がより強い人は、自分の決定が基準となる数字に左右される度合いは小さい。ただしどんな性格であれ、数字は誰の脳にもしっかり張りつくので、自分が下す決定には自分で思っている以上に影響が及んでいるものだ。

数字にすっかりだまされている

数字は具体的で、正確で、明快なはずではないか？　誰もがそう聞いていた。あるいは自分で勝手にそう思っていた。

数字は嘘をつかない。
数字は正直で、管理でき、中立だ。
合理的で見識ある社会は、感情や意見ではなく数字を基盤として成り立っている。
私たちは数字と事実に基づいて決定を下すべきだ。
私たちは何と言っても、見識ある民主主義社会で暮らしているのだ。

だが実のところ、数字は頻繁に人をだます。そして人々が互いにだまし合いをするよう導く。政治討論では、数字を持ち出したほうの勝利に終わることが多い――最後のひと言、決め台詞になるからだ。数字があれば失敗しない――とにかく、その数字が国の統計局が発表したものや、研究報告、あるいは公共のものなら万全だ。それなら数字は真実を述べているにちがいない。

ほんとうにそうだろうか？　意思決定者や政治家は（そして読者自身も）、いくつかの点で数字にだまされているか、数字のせいで互いにだまし合っている可能性がある。最も重要な2つの面から、もう少し詳しく見ていくことにしよう。

数字がただ間違っている

最初の、社会で最も明白な数字の問題は、当然ながら数字に間違いがある場合だ。そして、誤った数字やまぎらわしい数字が生まれる理由はいくつかある（中には愉快なものもある）。

誰かが嘘をつく

いつもではないし、いつも意識的とはかぎらないが、人はときに他愛のない嘘をついたり、検閲して事実をわずかに削除したり脚色したりする。たとえば世論調査で、中でも政治や性行動のような繊細なテーマに関する調査なら、そのようなことが起きる。イギリスの研究で2010年から2012年まで異性愛者からデータを収集したところ、男性は平均7人の女性とセックスすると報告したのに対し、女性が報告したのはその約半数だった。それは不可能なように思える。余分な数の女性をどこからか集めてこなければならない。

この場合、男性と女性の両方、またはいずれか一方が、少しだけ事実に尾ひれをつけて答えたのではないかと疑うことができる。その7年前の2003年に実施された研究が、これを簡潔に説明していた。その研究では人々に性的習慣について質問し、半数は（偽の）「ウソ発見器」をつけて回答した。すると女性の性的パートナーの数は平均2・6人から4・4人に、70％も増えた。研究者が「社会的望ましさのバイアス」と呼ぶもののせいで、調査の回答者が少しだけ真実を曲げることが多い。つまり、人は質問に対して他の人から好意的に見られると思う方法で答える傾向がある。それは無記名の回答用紙に答える場合でも同じだ。政治的傾向、宗教、移民の問題から、収入、階級、健康、薬物乱用、避妊具の使用までの範囲に及ぶ質問で、「好ましくない」行動を実際より少なく報告し、よい行動と態度を実際より多く報告する傾向がある。調査の結果が誤っていても驚くには値しない。

数字には系統誤差がある

ほとんどの人は、2016年のアメリカ大統領選挙の前日、メディアも世論調査もほぼ満場一致でヒラリー・クリントンがドナルド・トランプに勝利すると予想したのを覚えているだろう。気の毒なプリンストン大学のサム・ワン教授はそれを確信するあまり（99％）、トランプが勝利したら昆虫を食べると宣言し、数日後にCNNのライブでコオロギを食べる羽目になった。コオロギは「ほとんどハチミツの味で、少しだけナッツの風味がする」と報告している。

世論調査で誤りが生じる理由はいくつもある。サンプリングの失敗、過小なサンプル、過大な誤差範囲、単に質問が悪いだけかもしれない。同じ質問をほとんど同じ方法で出しても、著しく異なる結果が生じることがある。たとえば1990年代はじめにCNNが（世論調査会社ギャラップと共同で調査を行なった結果）、アメリカ人の55％がボスニアでのセルビア人勢力への爆撃に反対していると伝えた。そして同じ日にABCニュースは、国民の65％が爆撃を支持していると伝えた。ABCニュースによる調査で異なっていたのは、アメリカが「ヨーロッパの同盟国と共に」爆撃すべきかどうかを質問した点だけだった。CNNでは質問でアメリカのみをあげていた。同様に、たとえば同じ中絶反対の意味でも「アンチ・アボーション」ではなく「プロ・ライフ」のように価値観が見える語を使うだけで、ごく自然に同じ現象について大幅に異なる数字が生じる。そして単純な「はい／いいえ」の選択肢だけでさえ、根本的に異なる2つの方法で用いることによって、結果の数字は大きく変わる。たとえば臓器提供の意思を問う場合、オプトイン方式（「臓器提供に同意していただける場合は、ここにチェックを入れてください」）か、オプトアウト方式（「臓器提供に同意していただけない場合は、ここにチェックを入れてください」）のいずれかで確認できる。同じ選択肢を2つの異なる方法で示しているだけで、答える側は自由に自分の好きなほうを選べるわけだ。ところがオプトアウト方式にすると、同意を得られる割合がオプトイン方式の2倍に達することが多い。

データベースに記入されている数字のコード化に誤りがある

数字はコンピューターを狂わせてしまうこともある。2000年問題、別名ミレニアム・バグを覚えているだろうか。新しいミレニアムが近づくにつれて、プログラマーたちはコンピューターが00を2000ではなく1900と解釈してしまう可能性に気づいた。もちろん困ったことになる。銀行（マイナス100年分の利子を計算してしまう可能性があった）だけでなく、航空会社、軍隊、発電所のように正しい日付が不可欠なすべてのシステムが影響を受けるだろう。2000年問題を修正するためには、依頼する相手によって1000億ドルから6000億ドルのコストがかかるため、2000はおそらく歴史上で最も高価な数字だ。さいわいなことにすべてがとても順調に推移し、日本のいくつかの原子力発電所で小さな装置が誤動作しただけですんでいる。

人間も間違いを犯す。不器用な指先やプログラミングのエラーによって、小さな影響や大きな影響が、ランダムに生じることも系統立って生じることもある。個人の登録内容で収入や住所、信用格付けなどが間違っていれば、場合によって当事者はまったく不運な事態に見舞われるだろう。また、コーディングに誤りがあればはるかに大規模な事態になる——たとえばイギリスの医療記録には、2009年から2010年の期間に1万7000人の妊娠した男性が表示されていた。その後、さいわいにも誰かがその事態に気づき、コーディングの誤りは修正された。

数字がごまかすぎる

みんなが毎日使っている数字のほとんどは、そして政治家や意思決定者、さらにエコノミストとファイナンシャルアナリストが用いている数字は、かなり不確かなものだ。こうした不確かさは、測定のミス、統計的な誤差範囲、あるいはそうした数字が往々にして不確かなデータに基づいて推定されていることからきている。利率、住宅価格、電気料金が将来どうなるかは、実際には誰にもわからない。それでもそうした数字が存在しているのは、価格、予測、分析、人工知能（AI）、市場、そして先物市場というものまであるからだ。また不確かな数字でも、桁数を増やし、小数点以下の数字を加えれば、より正確で確実なものに見えてくる。イギリスの住宅ローンの平均金利は2027年には3・15%になるだろう、と書いてあれば、とても正確なものに聞こえないだろうか。でも、このとても不確かな予測に小数点以下2桁をつけるばからしさを考えてみよう。それに気づかない人もいる。こうした正確すぎる予測を目にしたときには、判断に自信をもちすぎるというリスクが生じる。パンデミックの最中、「OECD雇用見通し2020──労働者保護とCOVID-19危機」は失業率を次のように予測した──「世界的な金融危機のピーク時と同じかそれを上回り、第2波がない場合、2021年末までに7・7%に達する（第2波がある場合は8・9%）」。ちょうど18か月後の正解は、パンデミックの新しい波が何度か押し寄せた後でも、その半分に近かった。

未来はまったく不確かなもので、誰も想像しなかった方向に進むことも多い。1900年のパリ万博のころ商業画家ジャン・マルク・コテが描いた11枚の未来予想図のうち、的中したのは3枚だけだった。まったく的外れだった予想には、「クジラを飼いならして交通手段として利用する」というものや、「消防士がコウモリの翼のようなものをつけて空を飛びまわる」というものがある。それから半世紀以上たった1964年にはアメリカのランド研究所が、人間は2020年までに動物の従業員を雇うようになるという予想を発表した。ランド研究所に間が抜けた人が集まっていたわけではない。宇宙計画やインターネットの開発に貢献するほどの研究所だ。だが、それほど優秀な人たちでも、正確だが誤った予測をすることがよくある。テクノロジーのように変化し続ける対象についての正確な予測には、とりわけリスクが伴う。『ポピュラーメカニクス』誌の1949年3月号からの次の引用は、典型的な例と言える。「現在のENIAC（世界初のデジタルコンピューター）のような計算機は1万8000個の真空管を使い、30トンの重さがあるが、未来のコンピューターの真空管は1000個だけになり、重さも1・5トンしかなくなるだろう」

まさにこういうことだ。何かがとても不確実なときには、おそらくあまりこまかい予測や数字を用いないほうがいい。そしてそれは未来の予想だけではなく、あらゆる数字と量にもあてはまる。たとえば、ノルウェー人の友人3人のうち2人がクジラを食べるからといって、全スカンジナビア人の66・67％がクジラを食べるというわけではない。データが少ないほど、不確かなほど、偏っているほど、推測は不確かなものになる。たとえば、有名なコマーシャルの主張とは関係なく、歯科医師の80％が歯みがきのコルゲートを推奨してはいない。後でわかったことだが、調査に加わった歯科医師たちは複数のブランドをあげてもよかったので、たいていが数種類をあげていた。また、平常時の体温がぴったり平均値の36・89℃というわけではない。個人差があるし、1日のうちの時間、天気、月経周期によっても1℃程度は変動する――測り方によるのは言うまでもない。実際、37・5℃

を超えていてもまったく健康で、日中オフィスで働けることもある。

方法論に誤りのある研究に基づいて数値を算出している

すぐれた研究と、そうではない研究がある。後者を「質の悪い科学」と呼ぶ。不十分な研究が名声ある科学雑誌にもぐり込むことがあるのは、不注意や粗末な手順のせい、または不正の結果だ。さいわい、そのような研究はたいてい明るみに出て取り下げられることになる。高い評価を得ている医学雑誌『ランセット』に掲載されたそうした研究のひとつに、医師のアンドリュー・ウェイクフィールドとその同僚によるものがあった。自閉症と三種混合（MMR）ワクチンを関連付けたものだったが、その内容は虚偽だったことがわかり、論文は取り下げられて、ウェイクフィールドはイギリスの医師免許もはく奪されている。

それでも、数字だけでなく自閉症とMMRワクチンの間の「つながり」が一部の人たち（とりわけワクチン反対派）の頭の中に残り、その結果が一種の真実のオーラに包まれることになった。だが2019年に突然、65万人の子どもたちの協力を得た大規模な研究の結果が発表され、MMRワクチンと自閉症との関係は完全に否定されている。

およそ20年前、私はイリノイ州の草原で開催された楽しいガーデンパーティーに参加したことがある。その地にある大学で教授に昇進したばかりの教員を祝うパーティーだった。当時まだ若かった私は経験の浅い大学院生で、その教授がとても頭の切れる、野心的で自信に満ちた男性だったことを覚えている。彼は食品と栄養の研究にとりわけ強い関心を寄せ、一部にはひとり分の料理の量と皿の大きさの研究でよく知られていた。のちにアメリカで栄養に関係した重要な公的任務につき、『ニューヨーク・タイムズ』紙などでいつもその言葉が引用されていたものだ。

問題は、彼のいくつかの研究で基準としていた数字が、まったく正しいとは言えないことだった。もっと正確に言うなら、彼は期待する結果を導くためにデータを取捨選択していた――いわゆる「p値ハッキング」だ。のちに報道機関にリークされたメールでは、研究助手からの、共同で行なっていた研究で興味深い結果が出ていないという報告に、次のように答えている。「私のこれまでの経験で、見たとたんにデータが『明らかになった』などという研究はひとつもありません……データを切り取れるあらゆる方法を考え、そのサブセットを分析して、この関係が成り立つ場合を見つけてください」。教授はここで、古き良き時代の名残のような研究のごまかしを勧めていた――偶然のつながりをくまなく探し、その部分だけを後から何か新しくて興味深いものとして提示するという手法だ。自分が提唱する理論を裏付ける数字を長い時間をかけて探し続ければ、やがて見つかるだろう。だが、民間および公共の研究所がそのようなp値ハッキングに基づく方針や決定を基盤としているなら、ちょっと残念だ。

（ヘルゲ）

その教授はいつも不正などいっさいなかったと言ってきたが、この小さな逸話は、数字が私たちをだます2つ目の大きな理由に移るきっかけになる。その理由とは、誤った解釈だ。

数字は誤って解釈される

ときには、数字は正しいのに誤って解釈されたために、結論とそれに基づく決定がまったくおかしくなる場合もある。その原因は、自分が見たいと思っているパターンとつながりを見てしまうこと、または数字と数字の根拠を単純に誤解していることだ。これら2つの罠が組み合わされれば、強力なものになり得る。

まず後者の例を見てみよう。2つの数字または2つの単位のつながりを、因果関係と誤解してしまう場合だ。相関関係と因果関係の混同は多くの大学教師が好んで取り上げる話題で、ディナーパーティーも終わるころになると愉快な例が楽しげに持ち出されることが多い。「ノルウェー農業の友」というグループの最近のフェイスブック投稿が、その好例だろう。投稿は次のようなものだ。「ノルウェーでは、今のようにたくさんの肉を食べていると健康に悪いという話がよく聞かれる。でも［添付されている］この図は、肉の消費量が増えてきたと同時に寿命が延びてきたことを示している」

これについて少し考えている間に、別の例もいくつか見てみよう。

1999年にCNNは、一流の科学雑誌『ネイチャー』に発表された研究に基づいて、部屋の照明をつけたまま眠る子どもは成長してから近視になる確率が高いと伝えた。その研究の根拠になった数字は明確なもので、部屋を明るくしたまま眠ると近視を引き起こす。しかしその少し後に別の研究者たちがその件を丹念に調べ、親の近視とその子どもの近視の発症に強いつながりを見出す一方、近視の親は子ども部屋の照明を夜もつけたままにする割合が高いことにも気づいた。おわかりだろうか？　親の近視によって、子どもの近視と夜間も部屋の照明をつけたままという両方の結果が生じている。研究者のひとりが冷やかに述べたように、「これは親自身の視力が弱いことに起因していると思われる」。おそらく常夜灯より遺伝的特徴のほうが、近視にとってより重要な予測因子になるだろう。

人々が因果関係だと強く確信するいくつかの話題には、それを裏付けるような相関関係が簡単に見つかる。タバコ業界は喫煙と癌の関係をなんとか否定しようと、数十年にわたって怪しげな相関関係のデータに頼っていた。そして反ワクチンと陰謀論のサイトには、ワクチン接種によって女性の流産が引き起こされるといった主張についての圧倒的な証拠が見つかりがちだ。けれどもそうした主張では、共通することはよくまとまって起きるという事実を見過ごす傾向がある。ワクチン接種を受けた妊婦の数が多くなれば、その中で自然発生的な流産が起きる件数も全体として増え、ワクチン接種から24時間以内に流産する女性の数も、偶然だけで増える。それでもまだ心配な人には、非常にしっかりした科学的研究によって、妊娠中にワクチン接種を受けてもまったく安全なことがわかっていることを伝えておこう。

さて、前にあげた寿命と肉の消費量に関するフェイスブックの投稿について、少し考えてみただろうか？　１９５０年から２０２０年までの間に数が大きくなったものなら、肉の消費量と寿命のほかにも思いつくだろう。では、平均余命が延びてきたのに、肉を食べることが健康に悪い影響を与えることがあり得るのだろうか？

相関関係と因果関係の違いは、よくジョークにもなる。たとえば、アメリカのチーズの消費量と、自分のベッドのシーツにからまって命を落とした人の数には、はっきりした相関関係が見える。だが、その２つの数字に因果関係があるのか？　もちろん、ありそうも

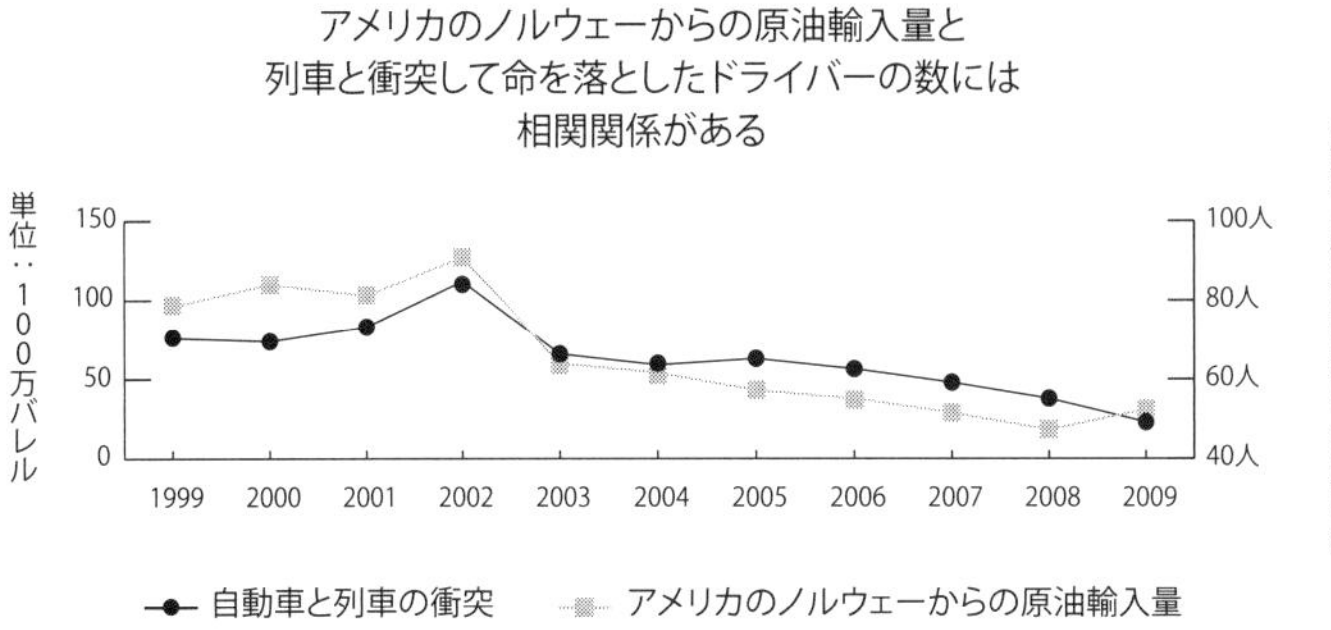

出典：Tyler Vigen

ない。

だがその他の、2つの数字が論理的にからまり合って共変するようなつながりでは、熟練の研究者でさえ惑わされて、実際にはない因果関係があるように思ってしまうことがある。それは企業でも、組織でも、政治討論会でも、そして——たとえば妊娠中絶からワクチン、経済、ダイエット用サプリメント、肉の消費量まで——さまざまな話題が出る家庭の夕食の席でも、毎日起きていていることだ。

私たち人間にはまた、自分自身の価値観と政治的意見に基づいて数字を読み取る傾向もある。人はときに、悪魔が聖書を読むように数字を読む。そしてしばしば数字に何か別のことを語らせたいと思うのも、不思議なことではない。心理学者がよく口にするのは、「確証バイアス」と「動機付けられた推論」という2つの関連した現象だ——人は自分自身の見方を裏付ける数字や研究成果を探し求め、それを、より重視する傾向がある。たとえばワインが好きな人なら、ワインが体によいとしている研究のほうが、そうでないという結論を出した研究より重要だと考える。ワインが癌の原因になると伝える記事をクリックしようとは思わない。気候変動が人間によって引き起こされたという考えを疑っている人は、気候変動の事実を明確に理解している人とは異なる目を通して、気候変動に関する数字を読み取ることになる。トランプの支持者にとって、CNNの言うことはすべてフェイクニュースだ。

誰でもこの罠にかかる可能性がある。ノルウェーで酪農を営んでいれば、肉の消費量と寿命に関する記事をベジタリアンとは異なる角度で読むかもしれない。「数字オタク」でさえ確証トラップにはまるが、おそらく大方の予想とは異なる見方をする。2017年の研究によれば、数学力が高い人はその能力を、自分自身の世界観とは矛盾する数字や問題を解釈するために使うことが多い。これは直観に反しているように思えるだろうか？　彼らは自分の見方を裏付ける数字――何の批判もなく受け入れている数字――には、ずっと少しのエネルギーしか割いていない。つまり数字オタクは、自分の見方を支持している数字をじっくり見極めることより、「敵」の数字を分析することのほうに重きを置いていたわけだ。このこともまた、人は選択的に判断して確証トラップに陥るという考えを裏付けている。

政治家、企業の幹部、自分の上司の場合は？　彼らもときには確証トラップに陥って、自分の考えに合った数字を選びとっているのだろうか？　あるいは、同じ数字に基づいていても、他の人たちとはまったく異なる結論を導き出すことがあるのだろうか？　厳密に言えば共変動しかない場合にも、因果関係があると主張するのだろうか？　ときには、単純に間違えている数字を用いて自分の立場を守ることもあるのだろうか？

ある。人間ならば、必ずそうする。それと同時に、職場や組織では数字と新しい計測方法に基づいて決定することがどんどん増えている。

そこで次に、人々が今の社会の中でどのように互いを測定して数量化しているかを、もう少し詳しく見ていくことにしよう。

「ホーソン効果」と測定の弊害

1924年、イリノイ州のシセロで、ウェスタン・エレクトリック・ホーソン工場の社員たちはいつものように職場に向かい、そのまま生産性の研究に協力する立場になった。その研究はほぼ8年にも及び、大きな話題を呼ぶことになる。肉体労働をする際の環境と状況の変化が労働者の生産性にどのように影響するかを調べることが、その研究の目的で、研究者たちは対照実験を通して体系的に労働者の環境を調整した。最初に注目したのは作業空間の照明の強さだ。一部の労働者の環境では一定時間だけ照明を変え、残りの労働者の環境では照明をまったく変えないままにして、その間の生産性を測定した。すると、周囲光の変化を経験した場合には、光がどう変化するかには関係なく、すべて生産性が向上することがわかった。だがそれで終わりではない。周囲光がずっと一定だった対照群でも、生産性が向上したのだ。ホーソン工場の研究で驚くべきこと、また奇妙だったことは、研究者がどの変数を変えた場合でも、ほとんど実験群と対照群の両方で生産性が向上した点だった。

心理学および組織行動論の初期の教科書はこの実験を「照明実験」と名付け、この現象はのちに「ホーソン効果」と呼ばれるようになる。観察されているという事実によって、人は行動を変えるということだ。そして研究者たちは１９３０年代以降、結果を引き起こした原因と用いられた手法の他に、ホーソン効果の有無も議論するようになった。現在ではほとんどの研究者が、観察または測定されることによって、人々の努力や（短期間の）実績から好みや優先事項までが影響を受けることがあると考えている。

その後、測定と数字は私たちの働く暮らし、企業、軍隊、ボランティア組織、さらに学校や警察や医療施設などの公共機関の、あらゆる部分に忍び込むようになってきた。また科学技術は常に発展を続け、それに伴ってますます多くの数字が使われ、さらに測定も増えている。人々はすでにそのことにすっかり慣れてしまい、もう反応さえしなくなっている。

それに私たちは数字に夢中だから、測定を喜ぶのは仕方がないことだ。

私が子どものころ、デジタル腕時計が流行ったのを覚えている。その中に、時刻を知らせるだけでなく、いろいろな国歌を演奏できるものがあった——そんなものが役立つ理由はよくわからないが、とにかくすごいと思った。だがそれよりもっとすごいのは、新しい計時機能が100分の1秒とラップタイムまで計れることだった。そこで私たちは、なんでも時間を計るようになった。学校の食堂で並んだ時間は？ミートボール1個を食べるのにかかる時間は（私たちの学校ではひとり10個までという決まりがあった）？ニンジンスティックなら（ミートボールと比較するために10本食べると、1巡のうちにかかる時間は目に見えて長くなった）？ウィンクする時間は（その時間を計るには何度か試す必要があったが、平均100分の19秒だったのを、今でもまだ覚えている）？

（ミカエル）

ほとんどのものを測ることができるからといって、測らなければならないわけではない――それに、いつも正しいものを測るわけではない。さらに、測定すること自体が重要になる場合が多い。ケーブルテレビHBOの人気ドラマシリーズ「ザ・ワイヤー」では、公共部門に測定の要素が導入されるとどんなひどいことになるかが描かれたが、どこかディストピア的ではあるものの、愉快な要素も残された――警察は数量の目標を達成することばかりに夢中になって、効果とやる気を失っていく。現実の世界では、教師が全国一斉学力テストとその測定結果の点数に重点を置くことを強いられ、生徒のためになるその他の学習がすっかりないがしろにされているのに気づく。そして政治家は警察に対して非現実的な目標を設けるので、その目標を達成するためには実際の犯罪を無視し、複雑な事件を闇に葬って、些細な事件をより多く解決しなければならない。

私たちはすでに、測定が一般的にどれだけ適切で効果的かを見てきた。一方、測定をすることで外的動機付けが内的動機付けを押しつぶし、それまで心から楽しんでいたことを嫌いになるリスクがあることも見てきた。そして、職場での測定と実績によるボーナスが、その目的を台無しにすることを知り、測定されて数量化されることの副作用も見出した――不正行為をし、より利己的になり、自分の行動を実際に測定されているものに合わせるようになる。これはたしかに被雇用者と組織にあてはまることだ。

報酬や目標が本来の目的を歪めてしまう

被雇用者は、いちばん簡単に報酬と結びつく数字に喜んで努力を傾ける。それは、主要指標、応答時間、顧客満足度、低いエラー率など、さまざまなものに当てはまる。企業と組織も同じことをする。大学は、学生たちに最も人気のある学習プログラム、最高の評価をくれる科学雑誌を優先させ、国際的なランキングと認定の測定パラメーターに合わせて、戦略を注意深く変えていく――なぜなら、政府からの補助金がそのような測定値と結びついているからだ。病院でさえ、ポイントシステムで最高の割り当てを得られる基準に応じて、患者、手術、治療介入の優先順位を決める。

病院そのものが、測定の乱用によって影響を受けていると思ったことはないだろうか？イギリスではなんと、新しい報酬制度に合わせて、患者を救急車の中で待機させる事態まで発生している。新しい制度では、患者が病院に到着してから4時間以内に治療を受けないと、その病院は財政面で罰せられることになった。その結果――4時間の制限時間内に患者を治療できるめどが立つまで救急車が病院の外で待たされ、その列が長く続く状態まで見られるようになっている。アメリカでは、患者の命を人工的に31日間維持する事例があった。手術後の患者の生存期間が30日を超えた場合のみ、病院が報酬を得られる制度のせいだった。

患者の例の後では、私自身の経験はとても些細なものにも思えてしまうが……私は10代のころ、夏休みにハンバーガーショップでアルバイトをしていた（どの店かは言わないほうがいいだろう）。その店は持続可能を目指し、廃棄物の削減を目標としていたので、私たちは何かを捨てるたびに記録することになっていた（たとえば、揚げてから時間がたちすぎたフライドポテトや、作り方が悪かったハンバーガーなどを捨てると、いちいちノートに書き込まなければならない）。ある年の夏の盛りに、店では人手が足りなくなったらしく、私が数週間にわたってこの方針を守る責任を負うことになった。まだ経験も浅かった私は、その数字をできるだけ小さく抑え、見栄えをよくしなければいけないという大きなプレッシャーに襲われた。そのとき私がとった解決方法は？　古くなったフライドポテトや出来損ないのハンバーガーをすべて、ひとつ残らず自分で食べてしまい、何も捨てなかった！　お腹はパンパンになった。さいわい、私がその責任者になったのは2週間だけだった。

警察や委託された企業が駐車違反切符を切る総合的な目的は、安全で環境にやさしい交通の流れを保ち、駐車してはいけない場所であると気づかせることだと思っているかもしれない。だが、実際に重点が置かれているのは簡単に測定できるものだけ、つまり切符の枚数だ。違反切符の数が多ければ多いほど、委託された企業の能力は高いとみなされる。

(ミカエル)

これまで言うのを我慢していたが、言ってしまおう……もう何年も前になるが、私は交差点から4・5メートルの場所に駐車したという理由で、駐車違反切符を切られたことがある。それは真夜中の12時過ぎで、しかも真冬だった。不満を書き連ねれば気が晴れるから書いたが、もちろん許されることではなかった。私がようやく、切符を切った企業の穏やかな感じのカスタマーサービス担当者に連絡をとると、その人は、規則では交差点から5メートル以上離れた場所に停めなければならないが、外は真っ暗だったから、どこからカーブになっているかはっきり見えなかったのかもしれませんね、と言った。駐車違反取締係の人は、かわいそうに、真夜中にも働かなければならなかったのだ。電話でしばらく話していると、担当者は内々に、じつはまだ予算を達成できていないから駐車違反切符を少し厳しめに切らざるを得ないのだと認めた。そして、12月に駐車する場合は必ず、いつも以上に注意を払うようにとアドバイスをくれた。

（ヘルゲ）

測定し、数え、解釈し、改善する

「測定できないものは管理できない」と、経営の神様とも称されたピーター・ドラッカーは言っている。

ただし、企業をはじめとした組織での数字に関する難題は、数量化が最も簡単なものを測定し、注目しがちになることだ。そして、公共部門が民間企業のように運営され、数量化され、測定される、新しい行政管理という考え方に寄せられるおもな批判は、単純に公共団体は民間企業ではないという点だ。公共部門は複雑で、検討事項も多ければ利害関係者も多く、数字に焦点を合わせようとして、全体にとって重要な領域の人材と能力を割くことも多い。

多かれ少なかれ暗黙の了解となっている次の3つの点が、組織における数字および測定文化の土台だ。第一に、経験に基づく主観的な評価を、標準化された数字と規則で置き換えることが可能で、多くの場合はそれが必要とされる。第二に、数字は予測可能性と透明性をもたらし、それによって組織が目標を達成する力が向上する。第三に、被雇用者の意欲向上と管理に一番適している方法は、賞罰を金銭や名声という形で実績と結びつけることになる。

この本ですでに見てきた課題や、人間の生来の欠点と数字の変わりやすさの両方にまつわる課題を考えると、これらの3点がいつも正しいかどうかはわからない。数字によって人は簡単に混乱に陥るし、組織や公共機関も混乱することがある――それは数量化と測定の方法のせいであり、また重要な決定を下すために数字を用いて解釈する方法のせいでもある。

もしどうしても測定と計算が必要ならば、楽しくてやる気の出るものを測定するのが一番だ。ほとんどの国が発展と成長の指標として用いる国民総生産（GNP）という数字を例にとってみよう。それとはまったく異なる新しい数字、国民総幸福量（GNH）を用いるとどうなるのか。GNHは新興の山岳国家ブータンで、GNPに代わって国の状態を測定する値として提唱された。とても素敵ではないだろうか。

とはいえ……もうやってみたのだが、一定期間にわたって常に人々の幸福度を測っていると、測るごとに少しずつ幸福度が減っていったのだった。何と言うことだ。

あきらかに社会はまだ、数字と測定のこの問題に真剣に取り組んでいないから、この章でも数字ワクチンをいくつか用意した。

1　数字に対して批判的になること。数字は誤っていることも、誤解を招くこともある。

2　アンカリングに注目すること。人々の頭にこびりついてその決心に影響を与える数字は、懲役年数を長引かせ、住宅価格を押し上げる。

3　動機付けられた推論と確認のエラーを忘れないこと。誰もが数字とつながりを、自分の観点、値、目標に基づいて主観的に解釈する。

4　数字は比較と競争を招く。暮らしと仕事の中で、自分と他者を比べて測定したいと思う領域を注意深く考えること。また自分自身を誰と、または何と比較したいかについても、よく考えること。

5　12月には駐車する場所に注意すること。

ここまでやってきたところで、最後に次のような大きな疑問が残るにちがいない——周囲のすべてを測定して数量化する必要が、ほんとうにあるのだろうか？　あるいは今こそ、世界をもう少し神秘的で、不可解で、主観的なものにしようと思うときではないのか？

第10章

数字と自分

数字はつくられたものである

イエス・キリストは紀元ゼロ年に生まれたのではなかった。キリストが生まれたのは3761年で、当時はユダヤ暦が使われていた。それから500年の間、キリストは3761年に生まれたことになっていたが、修道僧のディオニシウス・エクシグウスがイエス・キリストの生誕年から数える暦を考え出した。だが、キリストが生まれた年はゼロ年にはならなかった。まだゼロという概念が生まれていなかったせいだ（歴史家たちは、最初のゼロはキリストが生まれる3年前にメソポタミアで認められ、その7年後にはマヤ人が用いていたとしているが、西欧世界にゼロが登場したのは12世紀になってからになる)。今もまだ、カレンダーにゼロ年という年はなく、マイナス1(BC――before Christ・キリスト紀元前――1年)から1(AD――anno Domini・主の年に――1年)へと飛んでしまう。だからイエス・キリストは自分自身の1年後に生まれたことになった。

読者は、そんなこと、自分には関係ないと思っているかもしれない。でもここで言いたいのは、人間の存在にとって最も根本的なものかもしれない時間を計算するのに用いられている数字は、創作されたものだという点だ。読者とキリストには、生まれた年の数字を誰かが作ってくれたという共通点がある。キリストはまず３７６１年に生まれ、その後それは1年になり、読者はおそらく１９００年代半ばから２０００年代はじめごろに生まれた。そしてこれから５００年後には、読者が生まれた年に対して誰かがまったく新しい数字を思いつくかもしれない。

同じことが、みんなが使っているすべての数字にも言える。私たちの体、セルフイメージ、実績、人間関係、経験に影響を与えている数字は、創作されたものなのだ。それらは人間が作り上げた通貨であり、ものさしであり、真実だ。自分が作り出したものもあるかもしれないが、残るほとんどのものは他の人や機械が作り出した。いずれにしても、それらが作られたものであることには変わりない。

私たちから読者へのアドバイスは、ときにはそのことを思い出してほしいということだ。この本ではこれまで数字が私たちに与える影響を、おもしろいものも恐ろしいものも含めてたくさん紹介してきたが、たいていはみんなそのことに気づいていない。それは私たちが数字をあたり前のものと思い、まったく疑問を感じることなく、自分と自分の数字は一体だと思っているからだ。でも、作り話と同じように、数字は現実とまったく同じわけではない。数字には多くの限界がある。

数字は永久不変ではない

何しろ、数字は永久不変ではないのだ。いつ変化するかわからない。時間は永遠に（あるいは少なくとも、今わかっているかぎりでこの宇宙が存在しているとされる約１４０億年の間は）続いてきているが、その時間を表わす数字は何度か変化した。ディオニシウスがリセットボタンを押して西暦を考案したときには、合わせて４０００年が急に（およそ）５００年に減った。そしてその１５００年後には、天文学者が宇宙の年齢を探る方法を考えついたことで、時間が何十億年も早送りされた（宇宙ができてからの時間に比べると、キリストが生まれてからの時間ははるかに短い)。たぶんまたすぐに、誰かが時間を表わす新しい数字を考えつくのだろう。どっちみち、2020年にノーベル物理学賞を受賞したロジャー・ペンローズが考えているように、私たちが今いる宇宙の前にもまた別の宇宙があったにちがいなく、そうすれば時間は数十億年という単位で長くなるかもしれない(3761年と紀元1年の差が、急に些細なものに思えてくる)。こうしたものは控えめに言っても時間の画期的な変化のように思えるが、実はそうではない。それらの年月は常に、すべての時間の一部として存在し続けてきた。ただ、人間がそれにつける新しい数字を考え出しただけなのだ。

かつて1年は10か月だったが(1年の終わりの月の名前Decemberが、ラテン語の10を意味するdecで始まっているのはそのためだ)、やがてローマ人が太陽年に合わせてもう2か月を加えた。そしてノルウェーとスウェーデンではこのユリウス暦を長く使い続け、紆余曲折を経たのち18世紀になってようやく、4年に1回を必ず閏年として1日加えていた暦をさらに改良して100で割り切れる年を閏年としない(ただし400で割り切れる年は閏年とする)グレゴリオ暦に切り替えている。ずっと前に暦を切り替えていた世界各国と歩調を合わせるために、スカンジナビア諸国ではその年の2月を17日だけに切り詰めなければならなかった。

数字が永久不変ではないことを示す例は、もっともっとたくさんある。スポーツ界に目を向けてみよう。ちょっと検索して、過去数年間の競技会で10点満点をとった体操選手やフィギュアスケーターの映像を見てみてほしい。どれも目の錯覚かと感じるほど、信じられないような難しい技を披露している。だがもう少し検索を続け、20世紀前半のオリンピックで、やはり10点満点のプログラムを演じている選手のモノクロ映像を見てみよう。それなら「少し教えてもらえれば、自分にもできるかもしれない」と思えるような演技だ。もちろんそんなことはできないのだが、要するに、今の体操競技やフィギュアスケートは昔より格段に難しくなっている。当時の10点と今の10点を比べるのは、リンゴと洋ナシを、あるいは計数棒とコンピューターを比べるようなもので、基本的には同じ機能をもっていても性能があまりにも違いすぎて、比べても意味がない。

実績について言うなら、1958年のサッカーワールドカップで準優勝したスウェーデンはすばらしいが、当時参加した16チームのうちで2位になるのは、32チームが参加する現在のワールドカップ（あるいは48チームが参加することになっている今後のワールドカップ）で2位になるのと、意味が違う。テニスはどうだろう。世界の選手のランキングを決定するアルゴリズム（対象となる期間、カウントに入れるトーナメント、試合の重み付け）は過去25年間で5回変わり、時代が異なる選手の順位を比較することもできない。

自分自身が付ける数字も永遠のものではない。ときに気難しい批評家になる自分のことを考えてみよう。何年か前に見た映画や食べた食事に5の評価を付けていたとしても、今ならたぶん4だと感じ、最悪の（不機嫌な）評価は3かもしれない。現在の自分にとっての「5」の経験は、おそらくまったく異なるものなのだ。

数字は普遍的なものではない

次に、数字は普遍的なものではないことを自覚する必要がある。ここではまた時間を例にとろう。現在、すべての人にとってのカレンダーが2020年代というわけではない。ユダヤ暦もずっと時を刻み続けており、今では5780年代になった。イスラム暦は1440年代だ。また、それよりずっと遅れている北朝鮮の暦が時を刻みはじめたのはごく最近で、まだ110年代にすぎない（他の国にはあまり知られていないが、北朝鮮の暦では金日成が生まれた年が元年だ）。そして暦の変更に合わせてノルウェーとスウェーデンで2月が11日短かった年は、両国で同時だったわけではなく、ノルウェーでは1700年、スウェーデンでは1753年だった。人々は今までずっと、同じ宇宙の同じ惑星に暮らしていながら、その間まったく異なる数字を使っていたことになる。

数字が普遍的なものではないもうひとつのヒントとして、多様な通貨の存在をあげることができる。まったく同じ『エコノミスト』誌を買う場合、国によって支払う額が異なり、アメリカとノルウェーやスウェーデンでは用意しなければならない金額が違ってくる。ところが、まったく同じ価値のお金が口座から引き落とされても、6ドルのほうが50クローネより安くすんだように感じてしまうのは、数字が普遍的なものではないことを忘れ、本能的に6のほうが小さい値だと感じるからだ。研究者はそれを「デノミネーション効果」と呼ぶ。お金が（どこにいても同じ「価値」を維持し、国境をまたいだからといって貧しくなったり豊かになったりするわけではないのに）頭の中で数字になり、数字は普遍的なものだと思ってしまうからだ。だが実際には場所によって異なっている。そのために、人々は通貨の額面が小さい国ではたくさんお金を使い、額面が大きい国では少ししか使わなくなる（両方の国でまったく同じ価値のお金をもっていても、そうなる）。

ただし、『エコノミスト』誌を買うのに実際に支払う金額は、北欧の国よりアメリカで買うほうが高くなる。なぜなら、アメリカで雑誌を販売する人は心理的価格設定を利用して定価を5・99ドルに設定するからだ（心理的価格設定は、精神年齢およびその魔法の境界と少し似ている――私たちは最初の数字が重要だと感じてしまうのを、覚えているだろうか）。アメリカの販売者は価格を1セント安くして最初の数字を6から5に変え、購入者に安く感じさせる一方、北欧の国々では価格を49・50クローネに設定するだろう（セントに換算すると5倍も安くしている計算だ）。『エコノミスト』誌には実際にその研究が掲載されており（当然ながら経済学教授が実施したものだ）、コーンフレークをはじめとしたさまざまな商品が、まったく同じでも国によって異なる価格で販売されている。通貨によって「魔法の価格」を生み出すポイントが異なってくるからだ。

数字が普遍的なものではない3つ目の証拠は、もちろん自分自身にある。誰もがこだわりをもち、特定の数字を好む。女性を自認している人ならば、ホテルを採点する際に偶数を選ぶ傾向がやや強く、男性を自認している人ならば、同じ方法で経験した同じホテルを採点する際に奇数を選ぶ傾向が強くなる。そしてすべての人が、偶数なら端数を切り上げ、奇数なら切り下げる傾向をもつので、女性の採点のほうが高くなることが多い理由を説明できる。

さらに、割り当てる数字には文化的な違いもある。アジアの人々はヨーロッパの人々より、偶数を選ぶ傾向と、尺度の両端近くではなく中央に近い値を選ぶ傾向が強い。そのため、評価における「アジアの6」は「ヨーロッパの7」に相当し、「アジアの4」は「ヨーロッパの3」に相当する。

数字はいつも正しいとはかぎらない

数字はいつも正しいとはかぎらないと自覚しておくのが賢いというものだ。いずれにせよ、ただ無意識に正しいと思ってはいけない。すでに、何かに数字が割り当てられると、人はそれが真実になると信じる傾向があることは見てきた。だが、最善の意図をもっていたとしても——どの数字を使ってどのように計算するかを考え出すのは、いつも人だから——人は数え間違いをする。

イエス・キリストについて、もうひとつだけ言わせてほしい。これまで自分の変わり者の部分をなんとか隠してきたのだが、もう最後の章になったからいいだろう。私は、かの修道僧がグーグルも何もない時代に、キリストの生まれた年をどのようにして500年後に確信できたのかを不思議に思い、探ってみることにした。それに関する情報は何も見つからなかったものの、その一方で、研究者たちはディオニシウスが計算間違いをしたにちがいないという点で同意しているらしいことを発見した。ただ、キリストが生まれた年について一致した意見があるわけではない。歴史家たちは、キリストは紀元前4年から6年の間に生まれたと考えている。その期間に、ヘロデ王が2歳以下の男児を皆殺しにするよう命じたからだ（聖書では、イエス・キリストの誕生とのつながりでその命令を出したとされている。片田舎の納屋で生まれたイエスは見つからずにすんだ）。一方の天文学者たちは、ベツレヘムの納屋の上で明るく輝いていた星は、実際には紀元前5年にベツレヘム上空をゆっくり通り過ぎた彗星か、紀元前2年に起きた金星と木星の会合にちがいなく、イエス・キリストはこれらの年のいずれかに生まれたと考えている。どちらにせよ、実際には、イエス・キリストは文字通り時代に先駆けていた。私たちの暦を始めるべき1年は（ほんとうはゼロ年だが）、実際にはマイナス5年、またはおそらくマイナス2（あるいはマイナス4またはマイナス6……）年にちがいない。

（ミカエル）

ほとんどの人は、ほんとうは数を数えるのが不得意で、中でも大きい数を数えるのは苦手だ。覚えていると思うが、人の脳は日常生活で目にする、合わせても小さい数にしかならない大きさと量を処理するようにできていて、大きい数やとりわけ大きい数はほとんど同じに見えてしまうから、簡単に勘違いをする。あるいはそれらを把握するのは難しい。

もし1,000,000（100万）秒がほぼ11日と半日に相当するとするなら、1,000,000,000（10億）秒は何日かと問われたら？　おそらく10億秒は31年と数か月（正解）とは思わないだろう。それに、1,000,000,000,000（1兆）秒は、3万1709年と数か月（正解）よりはるかに短いと思うだろう。

数字がとても大きいと、人は関連性を考えたり区別したりすることができなくなる。それはスピードに目がくらんだり、大金を借りてしまったり（200,000ドルは、100,000ドルよりずっと大きいと感じない）、ギャンブルで大金を失ったり（100,000ドルを失っても10,000ドルを失う10倍悪いと感じない）、金融取引で数十億ドルの損失を出したり（現時点では、アメリカの銀行JPモルガンの財務マネージャーが2012年に90億ドルを失ったのが最高記録）する理由のひとつだ。

機械もときに混乱を引き起こす。2011年に『*The Making of a Fly*（ハエの構造）』の価格がアマゾンでほぼ2400万ドルまで上昇し、世界で最も高価な本になった。1日か2日前には35ドルで販売され、クレジットカードを取り出して注文しようとする人など誰もいなかった遺伝学の本だ。これほど一気に値段が上がった仕組みは、2人の書籍商が同じアルゴリズムを用いて競争相手の本の値段を検索し、次に同じ本に1・3倍の値段をつけて売りに出したことだった（両者ともに、その本に注文が入れば競争相手から仕入れ、客に発送するつもりだった)。一方の書籍商のアルゴリズムが販売価格を1・3倍にすると、もう一方の書籍商のアルゴリズムがそれに反応して価格をその1・3倍にし、それが際限なく繰り返されたというわけだ(実際にはこの手順がそれほど多く繰り返されないうちに、値段は急騰した)。

去年の夏に家族みんなでデジタルレースをした。それぞれが自分の好きなルートを走ってよく、ちょうど10キロメートルの「ゴールライン」を切ったらGPSが知らせてくれる仕組みだ。そこで私たちは家族全員で一緒に走り、10代の娘、10代の息子、妻、私の4人が同時にゴールラインを切る方法を試してみることにした。「ふつうの」レースのように選手がたくさんいれば、絶対に無理な方法だ。ところが、娘と私がゴールラインまで残り200メートルというメッセージをほぼ同時に受け取ったとき、すぐ隣を走っていた息子と妻には、まだ600メートル残っていた。姉は弟が最後の400メートルを全速力で走る間、1分以上も弟に勝ちながら「スタジアム一周のビクトリーラン」を続けたのは、きょうだい愛から出たごく当然の行動だった。でもこうなったのは、使っていたスマートフォンが違うせいなのか、娘のほうが(本人が考えた通り)「うまく」走ったからなのか、他にまったく別の原因があるのか、答えを見つけることはできなかった。

（ミカエル）

数字はいつも正確とはかぎらない

数字はいつも正確とはかぎらないことを、心の片隅で覚えておくと役に立つ。数字は小数点以下を含めたすべてが、とても正確に思えるものだ。だが、小数部分も四捨五入されていることが多い。たとえば、円や球などの丸いものの計算に用いる円周率について考えてみよう。誰でも円周率は3・14だと知っている。それでも円周率は3・14159265だと思っている人なら、3・14は実際には正しくないと言うはずだ。そして、ちょっとした数字オタクならそこまでだろうが、記憶自慢の人なら小数点以下数百桁まで、さらに数千桁までスラスラ出てくる人もいるかもしれない。

だから、円周率が3・14と言えば正しいが、正確ではない。かなり大きな問題になる場合もあるだろう。たとえば火星を目指すロケットの軌道を計算するなら目標を何キロメートルも外すだろうし、宇宙の年齢を計算するなら何十億年ものの誤差が生じてしまう（NASAに聞いてみよう）。

高校生のとき、数学の時間に数字を四捨五入して手を抜いたとして、クラス全員が不相応とも思えるほど怒られたことがあった。それはノルウェーの都市スタヴァンゲルで1991年の秋に起きたことだ。おそらく先生も地域の人たちもみんな、さまざまに不運が重なった計算と四捨五入のミスに少し動揺していたのだと思う。あるクラスメートとその家族は、実際に計算ミスが原因で街を去っていた。スレイプナーA石油プラットフォームのコンクリートの土台に関して、そのクラスメートの父親が計算の重要な役割を担っていたのだった。18億ノルウェークローネの費用をかけたその土台は、緩みが生じて崩落を起こしたことで大音響とともにフィヨルドに沈み、遠くベルゲンでもマグニチュード2・9の地震が記録されたほどだった。そうした出来事は大きな影響を及ぼし、中でもやや慎重で神経質な数学の教師にとっては衝撃的なものだったのだろう。

同じ年、湾岸戦争中に四捨五入のミスによって28名のアメリカ兵が命を落とし、100名が負傷して、事態が好転することはなかった。アメリカのパトリオットミサイル防衛システムが数値の小数点以下を24桁にし、それ以降は四捨五入していたのだ。ほんのわずかな違いに聞こえるかもしれないが、私たちの数学の教師によれば、向かってくるスカッドミサイルの位置を特定するには大きすぎる誤差になったのだった。
いずれにしても、私はこのことから学んだ。十分な小数点以下の桁数を確保するか、数字を分数で書くように。さもなければ、人が死ぬか地震が起きる危険がある。

（ヘルゲ）

これらの四捨五入の例は少しわかりにくいかもしれないので（私たち人間は、すでに話したように、こうしたとても大きい数やきわめて小さい数を理解するのが得意ではない）、もっと身近な例を探してみることにしよう。自分自身が選ぶ数字だ。たとえば、ある映画を4と評価したからといって、それまでに4と評価してきた他の映画すべてと、ちょうど同じだけ優れているというわけではないだろう。それでも選べる段階は3と4と5だけなので、その映画がもし3・5だとしても（偶数のほうがより美しいから切り上げて）4とする。2本の映画から実際には大きく異なる印象を受け、3と4、または4と5くらい違っていても、やっぱり結果は同じ評価になってしまう。

他の人が下した評価の平均をとっても、同じようにイライラする。自分がかわいそうな教授で、RateMyProfessors.comの対象となり、評価した人の半数が3を、残りの半数が5を選んでいる場合を考えてみよう。そうすると平均は4となって、大半がかなりよいと考えていると読み取ることができる。しかし実際には、半数は月並みだと考えており、残りの半数は自分のことを大好きだと思ってくれているわけだ。あるいは、もしかしたらもっと「とがった」授業をし（この形容詞は教授よりコメディアンに向いているかもしれないが）、評価の半数が1、半数が5だったらどうだろう。でもその平均をとった3という評価を見た人は、この教授は月並みなコメディアンあるいは教授のまさに平均だとみなし、そのまま通りすぎてしまうだろう。実際には、それほど強烈な反響を呼び起こす、特別な存在にちがいないというのに。

もちろん、自分自身が割り当てる評価の平均をとるときも同じことだ。レストランに行った後で4の評価をするのは、食事全体として5、サービスに4、トイレの清潔さにつける3の平均値を考えたからかもしれない。そのときトイレの評価を念頭に置かないか、トイレには行かなかったなら、評価は5に近くなるだろう。とにかく、4という値は自分の経験の正確な評価からはほど遠い。それはすべての要素をひとつにまとめたもので、レストランから期待できるものを知りたい人にとってはあまり役に立たないか、誤解を招いてしまう可能性まである（「全体としてはよさそうだけれど？」）。おいしい食事を期待しているグルメは、平均4を見たら選ばないかもしれない。一方、胃が弱くてバイ菌を極端に恐れている人が平均4を見て行けば、トイレで気絶してしまうかもしれない。

数字は客観的ではない

自分で生み出す数字について確認しておきたい点は、これで最後になる――数字は客観的ではない。

さて、3個の果物はいつでも3個の果物だ。その数字は客観的なものになる。けれども3が、その果物の味を示す評価だとすれば、数字はまったく同じ3に見えても、すぐ主観的なものになる（正直に言えば、果物の数を示す3も主観的なものになり得る。もし果物のうちの1個がトマトなら、それを果物として数える人と――種子を守る皮をもっているから――1893年の米国最高裁判所の判決に従ってそれを野菜として数える人がいるからだ）。

何かを評価する場合に選ぶ数字は、自分の主観的好みに影響を受けるだけでなく、その場の状況や雰囲気など、その他の主観的要因によっても影響を受ける。たまたま地面に落ちているコインを見つけたら、自分の予想に高めの数字をつけることになる（これについては実際に研究があり、まだ電子決済が普及する前の、道にコインがよく落ちていた時代のものだ）。太陽が輝いているときにも少し高めの評価になるし（もちろん、これにも研究がある）、ワールドカップで自国の代表チームが勝利した翌日には自分の財布の中身にも自国経済全体にも満足感が高まるらしく、政府への評価が高くなる（これはドイツ人の場合で、これらの研究のほとんどは、たまたまドイツで行なわれていた）。空腹の場合は、食べている食品に対する評価が高くなる一方（まったく意外なことではない）、見ている映画から使っているシャンプー、そのとき履いている靴まで、あらゆるものに対する評価は低くなる（これはいくつもの研究で試されているが、すべて同時にではないことを指摘しておく必要があるだろう）。

数字は（やっぱり）すばらしい

ようやく、あらゆる側面の検討を終えたと思う。数字という伝染病を少しでもうまく扱えるようにと、いくつかのアドバイスも伝えてきた。

解決策は、数字を根絶して計測も計算も比較もやめることだとは思わない。ただ、もっとスマートに、こうした現象と共存することを学ぶ必要がある。なぜならば、数字はほんとうに驚くべきものだから。ここまで、数字に関わるさまざまな障害とリスクをすべて洗い出して注目してきたが、まえがきで述べた通り、私たちはまだ数字が大好きだ。シュメールからローマ、マヤまで、偉大な歴史的文明のすべてが独自の記数法を発展させ、またそれによって発展もした。そして私たちは今、ひとつの共通した記数法を通してつながった、ほとんど全世界を包み込むひとつの文明の中にいる。世界中に何千という異なった言語があるが、すべての人々が同じ数字を用いる（ただ数字を理解する方法を学ぶ必要があるだけだ）。

数字のおかげで、瓶に5個よりたくさんのピーナッツが入っていてもちゃんと把握できるし、必要なだけの穀物を必要な数の山に分けることもできる。あらゆるものを保存し、計画し、取引し、共有することもできる。もし数字がなければ、時間も、宇宙を（精一杯）理解する力もなかっただろう。数字のおかげで、私たち人類はまもなく新たな世界を探査することもできる。研究者を信じるなら、それは今世紀の終わりまでに実現するかもしれない。

人々が基本的に何をする場合にも数字が助けてくれるし、記憶するためにも数字が重要な存在になっている。数字は、人を手助けするためにそこにある。そもそも、数字が生み出された理由がそれだ。人々の実績、人間関係、経験に忍び込み、人々のセルフイメージと、その体にまで影響を及ぼすすべての数字は、作り出されたものなのだ。誰かが、遠い昔のいつかに、何をするにも数字があれば暮らしが楽になると考えたからこそ、今、数字が存在している。けれども数字が役に立つのは、数字が実際には永久不変のものではないと、肝に銘じるからこそだ。数字は変化し、ときには別の意味をまとう。長い時間をかけた比較や、（同じ数字が関連性を失っているかもしれない）未来のものさしとして、数字を使ってはならない。数字は普遍的ではないことを心に刻み、なんでも比較するのを、また自分を他のみんなと比較するのをやめよう。数字は、実際にはいつも正しくて正確だとはかぎらないのだから、やみくもに信じてはいけない。そして自分の人生に関わる数字の大半は、自分自身が実際に生み出したものであることを、けっして忘れないことだ。

ときには、数字を使うことなどすっかり忘れるくらいがいいだろう。すばらしいホテルを数字で評価する代わりに、そのホテルに滞在したことを友だちに話してほしい。本のレビューを、数字ではなくて文章で表現しよう。レストランに行ったら、インスタグラムの友達が「いいね」を押すかどうかなど気にせず、食事を楽しもう。ＢＭＩや体重計の数字に目を向ける代わりに、鏡の中の自分の姿を見よう。セックスをするときは時計を見るのをやめよう。

そして、これから書くことを忘れないでほしい。

1 数字は永久不変ではない。長い時間をかけて比較し、その重要性は変化するという事実を受け入れること。

2 数字は普遍的なものではない。同じように見えても、国や文化や人によって異なる意味をもっていたり、異なる価値をもっていたりする。

3 数字はただ自動的に正しくなるものではないと、肝に銘じること。人も機械も、意識的にまたは無意識に、誤って数えることができる。

4 数字は正しくても、正確だとはかぎらない。ほとんどすべての数字は何らかの方法で四捨五入されている。自分の思考が数字のせいで誤って制限されないよう、気をつけること。

5 これがたぶん、これまでにあげてきたすべての中で最も重要なポイントになる——数字はほとんどいつも、ある意味で主観的なものだ。数字は（そして自分自身は！）、自分がその数字から作り出すものになる。数字をいつも注意して用い、いつも自分自身の判断に従うこと。

原注

まえがき

Becker, J. (2018, November 27). Why we buy more than we need. *Forbes*. www.forbes.com/sites/joshuabecker/2018/11/27/why-we-buy-more-than-we-need/?sh=4ad820836417.

Ford, E. S., Cunningham, T. J. & Croft, J. B. (2015). Trends in self-reported sleep duration among US adults from 1985 to 2012. *SLEEP, 38*(5), 829–832.

Larsen, T. & Røyrvik, E. A. (2017). *Trangen til å telle: Objektivering, måling og standardisering som samfunnspraksis*. Oslo: Scandinavian Academic Press.

Mau, S. (2019). *The metric society: On the quantification of the social*. Medford, MA: Polity Press.

Muller, J. Z. (2018). *The tyranny of metrics*. Princeton, NJ: Princeton University Press. (『測りすぎ：なぜパフォーマンス評価は失敗するのか?』ジェリー・Z・ミュラー著、松本裕訳、みすず書房、2019年)

Nurmilaakso, T. (2017). Prisma Studio: Pärjääkö ihminen muutaman tunnin yöunilla? *Yle, TV1*. https://yle.fi/aihe/artikkeli/2017/01/31/prisma-studio-parjaako-ihminen-muutaman-tunnin-younilla.

OECD (2009). *Society at a glance 2009: OECD social indicators*. Paris: OECD Publishing.

Seife, C. (2010). *Proofiness: How you're being fooled by the numbers*. New York: Penguin Books.

SVT (2018, November 12). Stark trend—svenskar byter jobb som aldrig förr. *SVT Nyheter*. www.svt.se/nyheter/lokalt/vasterbotten/vi-byter-jobb-allt-oftare.

SVT (2018, July 3). Ungdomar sover för lite. *SVT Nyheter*. www.svt.se/nyheter/lokalt/vast/somnbrist.

US Bureau of Labor Statistics. (2021, August 31). Number of jobs, labor market experience, and earnings growth: Results from a national longitudinal survey. *BLS*. www.bls.gov/news.release/nlsoy.htm.

第1章　数字の歴史

Bellos, A. (2014, April 8). "Seven" triumphs in poll to discover world's favorite number. Alex Bellos's Adventures in Numberland. *The Guardian*. www.theguardian.com/science/alexs-adventures-in-numberland/2014/apr/08/seven-worlds-favourite-number-online-survey.

Boissoneault, L. (2017, March 13). How humans invented numbers—and how numbers reshaped our world. *Smithsonian Magazine*. www.smithsonianmag.com/innovation/how-humans-invented-numbersand-how-numbers-reshaped-our-world-180962485.

Dr. Y (2019, May 17). The Lebombo bone: The oldest mathematical artifact in the world. *African Heritage*. https://afrolegends.com/2019/05/17/the-lebombo-bone-the-oldest-mathematical-artifact-in-the-world.

Everett, C. (2019). *Numbers and the making of us: Counting and the course of human cultures*. Cambridge, MA: Harvard University Press.(『数の発明：私たちは数をつくり、数につくられた』ケイレブ・エヴェレット著、屋代通子訳、みすず書房、2021年)

Facts and Details (2018). Pythagoreans: Their strange beliefs, Pythagoras, music and math. *Facts and Details*. https://factsanddetails.com/world/cat56/sub401/entry-6206.html.

Hopper, V. F. (1969). *Medieval number symbolism: Its sources, meaning, and influence on thought and expression*. New York: Cooper Square Publishers.(『中世における数のシンボリズム：古代バビロニアからダンテの『神曲』まで』ヴィンセント・F・ホッパー著、大木富訳、彩流社、2015年)

Huffman, C. (2019, July 31). Pythagoreanism. *Stanford Encyclopedia of Philosophy*. https://plato.stanford.edu/entries/pythagoreanism.

Knott, R. (n.d.). Fibonacci numbers and nature. *Dr. Knott's Web Pages on Mathematics*. www.maths.surrey.ac.uk/hosted-sites/R.Knott/Fibonacci/fibnat.html.

Larsen, T. & Røyrvik, E. A. (2017). *Trangen til å telle: Objektivering, måling og standardisering som samfunnspraksis*. Oslo: Scandinavian Academic Press.

Livio, M. (2002). *The golden ratio: The story of phi, the world's most astonishing number*. New York: Broadway Books.(『黄金比はすべてを美しくするか？：最も謎めいた「比率」をめぐる数学物語』マリオ・リヴィオ著、斉藤隆央訳、ハヤカワ文庫、2012年)

McCants, G. (2005). *Glynis has your number: Discover what life has in store for you through the power of numerology!* New York: Hachette Books.

Merkin, D. (2008, April 13). In search of the skeptical, hopeful, mystical Jew that could be me. *New York Times Magazine*. www.nytimes.com/2008/04/13/magazine/13kabbalah-t.html.

Muller, J. Z. (2018). *The tyranny of metrics*. Princeton, NJ: Princeton University Press.(『測りすぎ：なぜパフォーマンス評価は失敗するのか？』ジェリー・Z・ミュラー著、松本裕訳、みすず書房、2019年)

Norman, J. M. (n.d.). The Lebombo bone, oldest known mathematical artifact. *Historyofinformation.com*. www.historyofinformation.com/detail.php?entryid=2338.

Osborn, D. (n.d.). The history of numbers. *Vedic Science*. https://vedicsciences.net/articles/history-of-numbers.html.

Pegis, R. J. (1967). Numerology and probability in Dante. *Mediaeval Studies, 29*, 370–373.

Schimmel, A. (1993). *The mystery of numbers*. New York: Oxford University Press.

Seife, C. (2010). *Proofiness: How you're being fooled by the numbers*. New York: Penguin Books.

Thimbleby, H. (2011). Interactive numbers: A grand challenge. In *Proceedings of the IADIS International Conference on Interfaces and Human Computer Interaction 2011*.

Thimbleby, H. & Cairns, P. (2017). Interactive numerals. *Royal Society Open Science, 4*(4). https://doi.org/10.1098/rsos.160903.

Wilkie, J. E. & Bodenhausen, G. (2012). Are numbers gendered? *Journal of Experimental Psychology: General, 141*(2). https://doi.org/10.1037/a0024875.

第2章　数字と体

Andres, M., Davare, M., Pesenti, M., Olivier, E. & Seron, X. (2004). Number magnitude and grip aperture interaction. *Neuroreport, 15*(18), 2773–2777.

Cantlon, J. F., Brannon, E. M., Carter, E. J. & Pelphrey, K. A. (2006). Functional imaging of numerical processing in adults and 4-y-old children. *PLoS Biol, 4*(5).

Cantlon, J. F., Merritt, D. J. & Brannon, E. M. (2016). Monkeys display classic signatures of human symbolic arithmetic. *Animal Cognition, 19*(2), 405–415.

Chang, E. S., Kannoth, S., Levy, S., Wang, S. Y., Lee, J. E., et al. (2020). Global reach of ageism on older persons' health: A systematic review. *PLoS ONE, 15*(1). https://doi.org/10.1371/journal.pone.0220857.

Dehaene, S. & Changeux, J. P. (1993). Development of elementary numerical abilities: A neuronal model. *Journal of Cognitive Neuroscience, 5*(4), 390–407.

Dehaene, S., Piazza, M., Pinel, P. & Cohen, L. (2003). Three parietal circuits for number processing. *Cognitive Neuropsychology, 20*(3–6), 487–506.

DeMarree, K. G., Wheeler, S. C. & Petty, R. E. (2005). Priming a new identity: Self-monitoring moderates the effects of nonself primes on self-judgments and behavior. *Journal of Personality and Social Psychology, 89*(5), 657–671.

Fischer, M. H. (2012). A hierarchical view of grounded, embodied, and situated

numerical cognition. *Cognitive Processing*, *13*, 161–164.

Fischer, M. H. & Brugger, P. (2011). When digits help digits: Spatial-numerical associations point to finger counting as prime example of embodied cognition. *Frontiers in Psychology*, *2*. https://doi.org/10.3389/fpsyg.2011.00260.

Gordon, P. (2004). Numerical cognition without words: Evidence from Amazonia. *Science*, *306*(5695), 496–499.

Grade, S., Badets, A. & Pesenti, M. (2017). Influence of finger and mouth action observation on random number generation: An instance of embodied cognition for abstract concepts. *Psychological Research*, *81*(3), 538–548.

Hauser, M. D., Tsao, F., Garcia, P. & Spelke, E. S. (2003). Evolutionary foundations of number: Spontaneous representation of numerical magnitudes by cotton-top tamarins. *Proceedings of the Royal Society of London. Series B: Biological Sciences*, *270*(1523), 1441–1446.

Hubbard, E. M., Piazza, M., Pinel, P. & Dehaene, S. (2005). Interactions between number and space in parietal cortex. *Nature Reviews Neuroscience*, *6*, 435–448.

Hyde, D. C. & Spelke, E. S. (2009). All numbers are not equal: An electrophysiological investigation of small and large number representations. *Journal of Cognitive Neuroscience*, *21*(6), 1039–1053.

Kadosh, R. C., Lammertyn, J. & Izard, V. (2008). Are numbers special? An overview of chronometric, neuroimaging, developmental and comparative studies of magnitude representation. *Progress in Neurobiology*, *84*(2), 132–147.

Lachmair, M., Ruiz Fernàndez, S., Moeller, K., Nuerk, H. C. & Kaup, B. (2018). Magnitude or multitude—what counts? *Frontiers in Psychology*, *9*, 59–65.

Luebbers, P. E., Buckingham, G. & Butler, M. S. (2017). The National Football League-225 bench press test and the size-weight illusion. *Perceptual and Motor Skills*, *124*(3), 634–648.

Moeller, K., Fischer, U., Link, T., Wasner, M., Huber, S., et al. (2012). Learning and development of embodied numerosity. *Cognitive Processing*, *13*(1), 271–274.

Nikolova, V. (2021, August 6). Why you are 12% more likely to run a marathon at a milestone age? *Runrepeat*. https://runrepeat.com/12-percent-more-likely-to-run-a-marathon-at-a-milestone-age.

Notthoff, N., Drewelies, J., Kazanecka, P., Steinhagen-Thiessen, E., Norman, K., et al. (2018). Feeling older, walking slower—but only if someone's watching. Subjective age is associated with walking speed in the laboratory, but not in real life. *European Journal of Ageing*, *15*(4), 425–433.

Pica, P., Lemer, C., Izard, V. & Dehaene, S. (2004). Exact and approximate

arithmetic in an Amazonian indigene group. *Science*, *306*(5695), 499–503.

Reinhard, R., Shah, K. G., Faust-Christmann, C. A. & Lachmann, T. (2020). Acting your avatar's age: Effects of virtual reality avatar embodiment on real life walking speed. *Media Psychology*, *23*(2), 293–315.

Robson, D. (2018, July 19). The age you feel means more than your actual birthdate. *BBC*. www.bbc.com/future/article/20180712-the-age-you-feel-means-more-than-your-actual-birthdate.

Schwarz, W. & Keus, I. M. (2004). Moving the eyes along the mental number line: Comparing SNARC effects with saccadic and manual responses. *Perception & Psychophysics*, *66*(4), 651–664.

Shaki, S. & Fischer, M. H. (2014). Random walks on the mental number line. *Experimental Brain Research*, *232*(1), 43–49.

Studenski, S., Perera, S., Patel, K., Rosano, C., Faulkner, K., et al. (2011). Gait speed and survival in older adults. *Journal of the American Medical Association*, *305*(1), 50–58.

Westerhof, G. J., Miche, M., Brothers, A. F., Barrett, A. E., Diehl, M., et al. (2014). The influence of subjective aging on health and longevity: A meta-analysis of longitudinal data. *Psychology and Aging*, *29*(4), 793–802.

Winter, B., Matlock, T., Shaki, S. & Fischer, M. H. (2015). Mental number space in three dimensions. *Neuroscience & Biobehavioral Reviews*, *57*, 209–219.

Yoo, S. C., Peña, J. F. & Drumwright, M. E. (2015). Virtual shopping and unconscious persuasion: The priming effects of avatar age and consumers' age discrimination on purchasing and prosocial behaviors. *Computers in Human Behavior*, *48*, 62–71.

第3章　数字とセルフイメージ

APS (2016, May 31). Social media "likes" impact teens' brains and behavior. *Association for Psychological Science*. www.psychologicalscience.org/news/releases/social-media-likes-impact-teens-brains-and-behavior.html.

Burrow, A. L. & Rainone, N. (2017). How many likes did I get? Purpose moderates links between positive social media feedback and self-esteem. *Journal of Experimental Social Psychology*, *69*, 232–236.

Burrows, T. (2020, January 9). Social media obsessed teen who "killed herself" thought she "wasn't good enough unless she was getting likes." *The Sun*. www.thesun.co.uk/news/10705211/social-media-obsessed-death-durham-sister-tribute.

Carey-Simos, G. (2015, August 19). How much data is generated every minute on social media? *WeRSM*. https://wersm.com/how-much-data-is-generated-every-minute-on-social-media.

DNA (2020, April 20). Not able to get enough "likes" on TikTok, Noida teenager commits suicide. *DNA India*. www.dnaindia.com/india/report-not-able-to-get-enough-likes-on-tiktok-noida-teenager-commits-suicide-2821825.

Fitzgerald, M. (2019, July 18). Instagram starts test to hide number of likes posts receive for users in 7 countries. *TIME*. https://time.com/5629705/instagram-removing-likes-test.

Fliessbach, K., Weber, B., Trautner, P., Dohmen, T., Sunde, U., et al. (2007). Social comparison affects reward-related brain activity in the human ventral striatum. *Science, 318*(5894), 1305–1308.

Gaynor, G. K. (2019). Instagram removing "likes" to "depressurize" youth, some aren't buying it. *Fox News*. www.foxnews.com/lifestyle/instagram-removing-likes.

Jiang, Y., Chen, Z. & Wyer, R. S. (2014). Impact of money on emotional expression. *Journal of Experimental Social Psychology, 55*, 228–233.

Medvec V. H., Madey S. F. & Gilovich T. (October 1995). When less is more: Counterfactual thinking and satisfaction among Olympic medalists. *Journal Personality and Social Psychology, 69*(4), 603–610.

Mirror Now News (2020, April 17). Noida: Depressed over not getting enough "likes" on TikTok, youngster commits suicide. *Mirror Now Digital*. www.timesnownews.com/mirror-now/crime/article/noida-depressed-over-not-getting-enough-likes-on-tiktok-youngster-commits-suicide/579483.

Reutner, L., Hansen, J. & Greifeneder, R. (2015). The cold heart: Reminders of money cause feelings of physical coldness. *Social Psychological and Personality Science, 6*(5), 490–495.

Sherman, L. E., Payton, A. A., Hernandez, L. M., Greenfield, P. M. & Dapretto, M. (2016). The power of the Like in adolescence: Effects of peer influence on neural and behavioral responses to social media. *Psychological Science, 27*(7), 1027–1035.

Smith, K. (2019, June 1). 53 incredible Facebook statistics and facts. *Brandwatch*. www.brandwatch.com/blog/facebook-statistics.

Solnick, S. & Hemenway, D. (1998). Is more always better? A survey on positional concerns. *Journal of Economic Behavior & Organization, 37*(3), 373–383. https://doi.org/10.1016/S0167-2681(98)00089-4.

Squires, A. (n.d.). Social media, self-esteem, and teen suicide. *PPC*. https://blog.pcc.com/social-media-self-esteem-and-teen-suicide.

Vogel, E. A., Rose, J. P., Roberts, L. R. & Eckles, K. (2014). Social comparison, social media, and self-esteem. *Psychology of Popular Media Culture*, *3*(4), 206–222.

Vohs, K. D. (2015). Money priming can change people's thoughts, feelings, motivations, and behaviors: An update on 10 years of experiments. *Journal of Experimental Psychology: General*, *144*(4), e86–e93.

Vohs, K. D., Mead, N. L. & Goode, M. R. (2006). The psychological consequences of money. *Science*, *314*(5802), 1154–1156.

Wang, S. (2019, April 30). Instagram tests removing number of "likes" on photos and videos. *Bloomberg*. www.bloomberg.com/news/articles/2019-04-30/instagram-tests-removing-number-of-likes-on-photos-and-videos.

Zaleskiewicz, T., Gasiorowska, A., Kesebir, P., Luszczynska, A. & Pyszczynski, T. (2013). Money and the fear of death: The symbolic power of money as an existential anxiety buffer. *Journal of Economic Psychology*, *36*, 55–67.

第4章　数字と実績

Ajana, B. (2018). *Metric culture: Ontologies of self-tracking practices*. Bingley, UK: Emerald Publishing.

The Economist (2019, September 12). Hugo Campos has waged a decade-long battle for access to his heart implant. Technology Quarterly. *The Economist*. www.economist.com/technology-quarterly/2019/09/12/hugo-campos-has-waged-a-decade-long-battle-for-access-to-his-heart-implant.

Farr, C. (2015, March 17). How Tim Ferriss has turned his body into a research lab. *KQED*. www.kqed.org/futureofyou/407/how-tim-ferriss-has-turned-his-body-into-a-research-lab.

Hill, K. (2011, April 7). Adventures in self-surveillance, aka the quantified self, aka extreme navel-gazing. *Forbes*. www.forbes.com/sites/kashmirhill/2011/04/07/adventures-in-self-surveillance-aka-the-quantified-self-aka-extreme-navel-gazing/#5102dac76773.

Kuvaas, B., Buch, R. & Dysvik, A. (2020). Individual variable pay for performance, controlling effects, and intrinsic motivation. *Motivation and Emotion*, *44*, 525–533.

Larsen, T. & Røyrvik, E. A. (2017). *Trangen til å telle. Objektivering, måling og standardisering som samfunnspraksis*. Oslo: Scandinavian Academic Press.

Lee, A. (2020, August 9). What is China's social credit system and why is it

controversial? *South China Morning Post*. www.scmp.com/economy/china-economy/article/3096090/what-chinas-social-credit-system-and-why-it-controversial.
Lupton, D. (2016). *The quantified self*. Malden, MA: Polity Press.
Moschel, M. (2018, August 8). The beginner's guide to quantified self (plus, a list of the best personal data tools out there). *Technori*. https://technori.com/2018/08/4281-the-beginners-guide-to-quantified-self-plus-a-list-of-the-best-personal-data-tools-out-there/markmoschel.
Nafus, D. (Ed.). (2016). *Quantified: Biosensing technologies in everyday life*. Cambridge, MA: MIT Press.
Neff, G. & Nafus, D. (2016). *Self-tracking*. Cambridge, MA: MIT Press.
Quantified Self (2018, April 28). Hugo Campos: 10 years with an implantable cardiac device and "almost" no data access. *Quantified Self Public Health*. https://medium.com/quantified-self-public-health/hugo-campos-10-years-with-an-implantable-cardiac-device-and-almost-no-data-access-71018b39b938.
Ramirez, E. (2015, February 4). My device, my body, my data. *Quantified Self Public Health*. https://quantifiedself.com/blog/my-device-my-body-my-data-hugo-campos.
Satariano, A. (2020, August 4). Google faces European inquiry into Fitbit acquisition. *New York Times*. www.nytimes.com/2020/08/04/business/google-fitbit-europe.html.
Selke, S. (Ed.). (2016). *Lifelogging: Digital self-tracking and lifelogging—between disruptive technology and cultural transformation*. Wiesbaden: Springer VS.
Stanford Medicine X (n.d.). Hugo Campos. *Stanford Medicine X*. https://medicinex.stanford.edu/citizen-campos.

第5章　数字と経験

Dijkers, M. (2010). Comparing quantification of pain severity by verbal rating and numeric rating scales. *Journal of Spinal Cord Medicine*, *33*(3), 232–242.
Erskine, R. (2018, May 15). You just got attacked by fake 1-star reviews. Now what? *Forbes*. www.forbes.com/sites/ryanerskine/2018/05/15/you-just-got-attacked-by-fake-1-star-reviews-now-what/#5c0b23cc1071.
Hoch, S. J. (2002). Product experience is seductive. *Journal of Consumer Research*, *29* (3), 448–454.
Liptak, A. (2018, February 2). Facebook strikes back against the group sabotaging Black Panther's Rotten Tomatoes rating. *The Verge*. www.theverge.

com/2018/2/2/16964312/facebook-black-panther-rotten-tomatoes-last-jedi-review-bomb.

Rockledge, M. D., Rucker, D. D. & Nordgren, L. F. (2021, April 8). Mass-scale emotionality reveals human behaviour and marketplace success. *Nature Human Behaviour*, *5*, 1323–1329.

Williamson, A. & Hoggart, B. (2005). Pain: A review of three commonly used pain rating scales. *Journal of Clinical Nursing*, *14*(7), 798–804.

第6章　数字と人間関係

American Psychological Association (APA) (2016, August 4). Tinder: Swiping self esteem? *APA*. www.apa.org/news/press/releases/2016/08/tinder-self-esteem.

Danaher, J., Nyholm, S. & Earp, B. D. (2018). The quantified relationship. *American Journal of Bioethics*, *18*(2), 3–19.

Eurostat (2018, July 6). Rising proportion of single person households in the EU. *Eurostat*. https://ec.europa.eu/eurostat/web/products-eurostat-news/-/ddn-20180706-1.

Ortiz-Ospina, E. & Roser, M. (2016). Trust. *Our World in Data*. https://ourworldindata.org/trust.

Strubel, J. & Petrie, T. A. (2017). Love me Tinder: Body image and psychosocial functioning among men and women. *Body Image*, *21*, 34–38.

Timmermans, E., De Caluwé, E. & Alexopoulos, C. (2018). Why are you cheating on Tinder? Exploring users' motives and (dark) personality traits. *Computers in Human Behavior*, *89*, 129–139.

Waldinger, M. D., Quinn, P., Dilleen, M., Mundayat, R., Schweitzer, D. H., et al. (2005). A mutinational population survey of intravaginal ejaculation latency time. *Journal of Sexual Medicine*, *2*(4), 492–497.

Ward, J. (2017). What are you doing on Tinder? Impression management on a matchmaking mobile app. *Information, Communication & Society*, *20*(11), 1644–1659.

Wellings, K., Palmer, M. J., Machiyama, K. & Slaymaker, E. (2019). Changes in, and factors associated with, frequency of sex in Britain: Evidence from three national surveys of sexual attitudes and lifestyles (Natsal). *British Medical Journal*, *365* (8198).

World Values Survey (WVS) (n.d.). Online data analysis. *WVS*. www.worldvaluessurvey.org/WVSOnline.jsp.

第7章　通貨としての数字

Barlyn, S. (2018, September 19). Strap on the Fitbit: John Hancock to sell only interactive life insurance. *Reuters*. www.reuters.com/article/us-manulife-financi-john-hancock-lifeins-idUSKCN1LZ1WL.

BBC News (2018, September 20). John Hancock adds fitness tracking to all policies. *BBC News*. www.bbc.com/news/technology-45590293.

Blauw, S. (2020). *The number bias: How numbers lead and mislead us*. London: Hodder & Stoughton.

Brown, A. (2020, August 6). TikTok's 7 highest-earning stars: New Forbes list led by teen queens Addison Rae and Charli D'Amelio. *Forbes*. www.forbes.com/sites/abrambrown/2020/08/06/tiktoks-highest-earning-stars-teen-queens-addison-rae-and-charli-damelio-rule/?sh=2e41abf75087.

The Ezra Klein Show (2022, February 25). Transcript: Ezra Klein interviews C. Thi Nguyen. *New York Times*. www.nytimes.com/2022/02/25/podcasts/transcript-ezra-klein-interviews-c-thi-nguyen.html.

Frazier, L. (2020, August 10). 5 ways people can make serious money on TikTok. *Forbes*. www.forbes.com/sites/lizfrazierpeck/2020/08/10/5-ways-people-can-make-serious-money-on-tiktok/?sh=19aea32a5afc.

Meyer, R. (2015, September 25). Could a bank deny your loan based on your Facebook friends? *The Atlantic*. www.theatlantic.com/technology/archive/2015/ 09/facebooks-new-patent-and-digital-redlining/407287.

Nguyen, C. Thi (2020). *Games: Agency as Art*. New York: Oxford University Press.

Nødtvedt, K. B., Sjåstad, H., Skard, S. R., Thorbjørnsen, H. & Van Bavel, J. J. (2021, April 29). Racial bias in the sharing economy and the role of trust and self-congruence. *Journal of Experimental Psychology: Applied*, *27*(3), 508–528.

Wang, L., Zhong, C. B. & Murnighan, J. K. (2014). The social and ethical consequences of a calculative mindset. *Organizational Behavior and Human Decision Processes*, *125*(1), 39–49.

第8章　数字と真実

Bhatia, S., Walasek, L., Slovic, P. & Kunreuther, H. (2021). The more who die, the less we care: Evidence from natural language analysis of online news articles and social media posts. *Risk Analysis*, *41*(1), 179–203.

Henke, J., Leissner, L. & Möhring, W. (2020). How can journalists promote news credibility? Effects of evidences on trust and credibility. *Journalism Practice*, *14*(3), 299–318.

Koetsenruijter, A. W. M. (2011). Using numbers in news increases story credibility. *Newspaper Research Journal, 32*(2), 74–82.

Lindsey, L. L. M. & Yun, K. A. (2003). Examining the persuasive effect of statistical messages: A test of mediating relationships. *Communication Studies, 54*(3), 306–321.

Luo, M., Hancock, J. T. & Markowitz, D. M. (2020). Credibility perceptions and detection accuracy of fake news headlines on social media: Effects of truth-bias and endorsement cues. *Communication Research, 49*(2), 171–195.

Luppe, M. R. & Lopes Fávero, L. P. (2012). Anchoring heuristic and the estimation of accounting and financial indicators. *International Journal of Finance and Accounting, 1*(5), 120–130.

Peter, L. (2022, May 1). How Ukraine's "Ghost of Kyiv" Legendary Pilot was born, BBC News. https://www.bbc.com/news/world-europe-61285833.

Plous, S. (1989). Thinking the unthinkable: The effects of anchoring on likelihood estimates of nuclear war. *Journal of Applied Social Psychology, 19*(1), 67–91.

Seife, C. (2010). *Proofiness: How you're being fooled by the numbers*. New York: Penguin books.

Slovic, S. & Slovic, P. (2015). *Numbers and nerves: Information, emotion, and meaning in a world of data*. Corvallis: Oregon State University Press.

Tomm, B. M., Slovic, P. & Zhao, J. (2019). The number of visible victims shapes visual attention and compassion. *Journal of Vision, 19*(10), 105.

Van Brugen, I. (2022, February 25). Who is the Ghost of Kyiv? Ukraine MiG-29 Fighter Pilot Becomes the Stuff of Legend, *Newsweek*. https://www.newsweek.com/who-ghost-kyiv-ukraine-fighter-pilot-mig-29-russian-fighter-jets-combat-1682651.

Yamagishi, K. (1997). Upward versus downward anchoring in frequency judgments of social facts. *Japanese Psychological Research, 39*(2), 124–129.

Ye, Z., Heldmann, M., Slovic, P. & Münte, T. F. (2020). Brain imaging evidence for why we are numbed by numbers. *Scientific Reports, 10*(1). www.nature.com/articles/s41598-020-66234-z.

第9章　数字と社会

Alexander, M. & Fisher, T. (2003). Truth and consequences: Using the bogus pipeline to examine sex differences in self-reported sexuality. *Journal of Sex Research, 40*(1), 27–35. https://doi.org/10.1080/00224490309552164.

Ariely, D., Loewenstein G. & Prelec, D. (2003). "Coherent arbitrariness": Stable

demand curves without stable preferences. *Quarterly Journal of Economics, 118* (1), 73-105.

Bevan, G. & Hood, C. (2006): What's measured is what matters: Targets and gaming in the English public health system. *Public Administration 84*(3).

Blauw, S. (2020). *The number bias: How numbers lead and mislead us.* London: Hodder & Stoughton. (『The Number Bias 数字を見たときにぜひ考えてほしいこと』サンヌ・ブラウ著、桜田直美訳、サンマーク出版、2021年)

Brennan, L., Watson, M., Klaber, R. & Charles, T. (2012). The importance of knowing context of hospital episode statistics when reconfiguring the NHS. *British Medical Journal, 344*, e2432. https://doi.org/10.1136/bmj.e2432.

Campbell, S. D. & Sharpe, S. A. (2009). Anchoring bias in consensus forecasts and its effect on market prices. *Journal of Financial and Quantitative Analysis, 44*(2), 369-390.

Chan, A. (2013, May 30). 1998 study linking autism to vaccines was an "elaborate fraud." *Live Science.* www.livescience.com/35341-mmr-vaccine-linked-autism-study-was-elaborate-fraud.html.

Chatterjee, P. & Joynt, K. E. (2014). Do cardiology quality measures actually improve patient outcomes? *Journal of the American Heart Association*, February. https://doi.org/10.1161/JAHA.113.000404.

Dunn, T. (2016, August 10). 11 ridiculous future predictions from the 1900 World's Fair—and 3 that came true. *Upworthy.* www.upworthy.com/11-ridiculous-future-predictions-from-the-1900-worlds-fair-and-3-that-came-true.

Financial Times (2016, April 14). How politicians poisoned statistics. *Financial Times.* www.ft.com/content/2e43b3e8-01c7-11e6-ac98-3c15a1aa2e62.

Fliessbach, K., Weber, B., Trautner, P., Dohmen, T., Sunde, U., et al. (2007). Social comparison affects reward-related brain activity in the human ventral striatum. *Science, 318*(5854), 1305-1308.

Furnham, A. & Boo, H. C. (2011). A literature review of the anchoring effect. *Journal of Socio-economics, 40*(1), 35-42.

Gwiazda, J., Ong, E., Held, R. & Thorn F. (2000). Myopia and ambient night-time lighting. *Nature, 404*, 144.

Hans, V. P., Helm, R. K. & Reyna, V. F. (2018). From meaning to money: Translating injury into dollars. *Law and Human Behavior, 42*(2), 95-109.

Hviid, A., Hansen, J. V., Frisch, M. & Melbye, M. (2019). Measles, mumps, rubella vaccination and autism: A nationwide cohort study. *Annals of Internal Medicine, 170*(8), 513-520.

Johnson, E. & Goldstein, D. (2003). Do defaults save lives? *Science*, *302*(5649), 1338–1339. https://doi.org/10.1126/science.1091721.

Kahan, D. M., Peters, E., Cantrell Dawson, E. & Slovic, P. (2017). Motivated numeracy and enlightened self-government. *Behavioural Public Policy*, *1*(1), 54–86.

King, A. (2016, November 12). Poll expert eats bug after being wrong about Trump. *CNN Politics*. https://edition.cnn.com/2016/11/12/politics/pollster-eats-bug-after-donald-trump-win/index.html.

Lalot, F., Quiamzade, A. & Falomir-Pichastor, J. M. (2019). How many migrants are people willing to welcome into their country? The effect of numerical anchoring on migrant acceptance. *Journal of Applied Social Psychology*, *49*(6), 361–371.

Larsen, T. & Røyrvik, E. A. (2017). *Trangen til å telle. Objektivering, måling og standardisering som samfunnspraksis*. Oslo: Scandinavian Academic Press.

Lee, S. (2018, February 25). Here's how Cornell scientist Brian Wansink turned shoddy data into viral studies about how we eat. *Buzzfeed News*. www.buzzfeednews.com/article/stephaniemlee/brian-wansink-cornell-p-hacking.

Mau, S. (2019). *The metric society: On the quantification of the social*. Medford, MA: Polity Press.

Muller, J. Z. (2018). *The tyranny of metrics*. Princeton, NJ: Princeton University Press.（『測りすぎ：なぜパフォーマンス評価は失敗するのか？』ジェリー・Z・ミュラー著、松本裕訳、みすず書房、2019年）

National Geographic (2011). Y2K bug. *National Geographic*. www.nationalgeographic.org/encyclopedia/Y2K-bug.

OECD (2020). OECD employment outlook 2020: Worker security and the COVID-19 crisis. *OECD*. www.oecd.org/employment-outlook/2020.

Ohio State University (1999). Night lights don't lead to nearsightedness, study suggests. *ScienceDaily*. www.sciencedaily.com/releases/2000/03/000309074442.htm.

Quinn, G., Shin, C., Maguire, M., et al. (1999). Myopia and ambient lighting at night. *Nature*, *399*(6732), 113–114. https://doi.org/10.1038/20094.

Schofield, J. (2000, January 5). The Millennium bug: Special report. *The Guardian*. www.theguardian.com/technology/2000/jan/05/y2k.guardiananalysispage.

Seife, C. (2010). *Proofiness: How you're being fooled by the numbers*. New York: Penguin books.

Spiegelhalter, D. (2015). *Sex by numbers*. London: Profile Books.（『統計学はときにセクシーな学問である』デビッド・シュピーゲルハルター著、石塚直樹訳、ライフサイエン

ス出版、2018年)

Tamma, P. D., Ault, K. A., del Rio, C., Steinhoff, M. C., Halsey, N. A., et al. (2009). Safety of influenza vaccination during pregnancy. *American Journal of Obstetrics and Gynecology*, *201*(6), 547–552. https://doi.org/10.1016/j.ajog.2009.09.034.

Tversky, A. & Kahneman, D. (1974). Judgment under uncertainty: Heuristics and biases. *Science*, *185*(4157), 1124–1131.

Vogel, E. A., Rose, J. P., Roberts, L. R. & Eckles, K. (2014). Social comparison, social media, and self-esteem. *Psychology of Popular Media Culture*, *3*(4), 206–222.

Zadnik, K., Jones, L., Irvin, B., Kleinstein, R., Manny, R., et al. (2000). Myopia and ambient night-time lighting. *Nature*, *404*, 143–144.

第10章　数字と自分

Brendl, C. M., Markman, A. B. & Messner, C. (2003). The devaluation effect: Activating a need devalues unrelated objects. *Journal of Consumer Research*, *29*(4), 463–473.

Castro, J. (2014, January 30). When was Jesus born? *Live Science*. www.livescience.com/42976-when-was-jesus-born.html.

Dohmen, T. J., Falk, A., Huffman, D. & Sunde, U. (2006). Seemingly irrelevant events affect economic perceptions and expectations: The FIFA World Cup 2006 as a natural experiment. *IZA Institute of Labor Economics*. www.iza.org/publications/dp/2275/seemingly-irrelevant-events-affect-economic-perceptions-and-expectations-the-fifa-world-cup-2006-as-a-natural-experiment.

Friberg, R. & Mathä, T. Y. (2004). Does a common currency lead to (more) price equalization? The role of psychological pricing points. *Economics Letters*, *84*(2), 281–287.

Kämpfer, S. & Mutz, M. (2013). On the sunny side of life: Sunshine effects on life satisfaction. *Social Indicators Research*, *110*(2), 579–595.

Knapton, S. (2020, October 6). An earlier universe existed before the big bang, and can still be observed today, says Nobel winner. *The Telegraph*. www.telegraph.co.uk/news/2020/10/06/earlier-universe-existed-big-bang-can-observed-today.

Kumar, M. (2019, May 15). When maths goes wrong. *New Statesman*. www.newstatesman.com/culture/books/2019/05/when-maths-goes-wrong.

Raghubir, P. & Srivastava, J. (2002). Effect of face value on product valuation in foreign currencies. *Journal of Consumer Research*, *29*(3), 335–347.

Schwarz, N., Strack, F., Kommer, D. & Wagner, D. (1987). Soccer, rooms, and the quality of your life: Mood effects on judgments of satisfaction with life in general

and with specific domains. *European Journal of Social Psychology, 17*(1), 69–79.

Tom, G. & Rucker, M. (1975). Fat, full, and happy: Effects of food deprivation, external cues, and obesity on preference ratings, consumption, and buying intentions. *Journal of Personality and Social Psychology, 32*(5), 761–766.

著者・訳者紹介

Micael Dahlen

ミカエル・ダレーン

ストックホルム商科大学の教授。経済や幸福、福祉を中心に研究している。幸福や人生の意味、邪悪さ、テクノロジー、人間の行動などのテーマの本を執筆している。世界的に高く評価される講演者であり、ポッドキャストのホストで、自らを「Asktronaut（質問飛行士）」と称している。スウェーデンのストックホルム在住。

Helge Thorbjørnsen

ヘルゲ・トルビョルンセン

ノルウェー経済高等学院（NHH）の消費心理学を専門とする教授。人間の行動や意思決定、とりわけテクノロジーがそれらに及ぼす影響に関心をもっている。幸福やウェルビーイング、行動経済学、イノベーション、広告などをテーマとして、研究や授業を行なっている。多くのビジネスやテック系のスタートアップ企業に関わっており、さまざまな企業や組織の会長や役員を務めている。ノルウェーのベルゲン在住。

西田美緒子

にしだ・みおこ

翻訳家。津田塾大学英文学科卒業。訳書にユヴァル・ノア・ハラリ著、リカル・ザプラナ・ルイズ絵『人類の物語 Unstoppable Us どうして世界は不公平なんだろう』（河出書房新社、2023年）、アビゲイル・タッカー『母性の科学：ママになると脳や性格がすごく変わるわけ』（インターシフト、2023年）、ジョー・ナヴァロ『FBI捜査官が教える「しぐさ」の心理学 解読編』（河出文庫、2023年）、チャールズ・フォスター『人間のはじまりを生きてみる：四万年の意識をたどる冒険』（河出書房新社、2022年）、ユヴァル・ノア・ハラリ著、リカル・ザプラナ・ルイズ絵『人類の物語 Unstoppable Us ヒトはこうして地球の支配者になった』（河出書房新社、2022年）、デイビッド・ホワイトハウス『太陽の支配』（築地書館、2022年）、ブライアン・カーニハン『プリンストン大学教授が教える“数字”に強くなるレッスン14』（白揚社、2021年）、スチュワート・ロス『なんでも「はじめて」大全：人類と発明の物語』（東洋経済新報社、2020年）、チャールズ・フォスター『動物になって生きてみた』（河出書房新社、2017年）など。

数字まみれ
「なんでも数値化」がもたらす残念な人生

2024年7月16日発行

著　者――ミカエル・ダレーン／ヘルゲ・トルビョルンセン
訳　者――西田美緒子
発行者――田北浩章
発行所――東洋経済新報社
〒103-8345　東京都中央区日本橋本石町1-2-1
電話＝東洋経済コールセンター　03(6386)1040
https://toyokeizai.net/

装　丁………小口翔平+畑中　茜(tobufune)
D T P………アイランドコレクション
印　刷………港北メディアサービス
製　本………積信堂
編集担当……九法　崇

Printed in Japan　ISBN 978-4-492-04769-9